S.J. Sreeja
V.K. Girija

Gestão integrada de doenças da murchidão de Fusarium do feijão-frade

S.J. Sreeja
V.K. Girija

Gestão integrada de doenças da murchidão de Fusarium do feijão-frade

Medidas físicas, químicas e biológicas

ScienciaScripts

Imprint

Cover image: www.ingimage.com

This book is a translation from the original published under ISBN 978-3-659-86178-9.

Publisher:
Sciencia Scripts
is a trademark of
Dodo Books Indian Ocean Ltd. and OmniScriptum S.R.L publishing group

120 High Road, East Finchley, London, N2 9ED, United Kingdom
Str. Armeneasca 28/1, office 1, Chisinau MD-2012, Republic of Moldova, Europe
Printed at: see last page
ISBN: 978-620-8-34606-5

Conteúdo

CAPÍTULO 1. INTRODUÇÃO

O feijão-caupi, também conhecido como feijão-de-corda *(Vigna unguiculata* subsp. *sesquipedalis* (L.) Verdcourt), é uma importante leguminosa das regiões tropicais, cujo centro de origem é a África, tendo sido introduzido no subcontinente indiano há cerca de 2000 a 3500 anos. Pode ser consumida em várias fases do seu desenvolvimento: folhas verdes, vagem verde, ervilhas verdes e grãos secos, bem como para fins forrageiros. É uma fonte económica de proteínas vegetais, facilmente digeríveis, relativamente mais baratas e com valores biológicos mais elevados. A capacidade de fixar o azoto atmosférico torna esta cultura importante do ponto de vista agrícola. O sistema radicular bem ramificado proporciona um melhor efeito de ligação ao solo e controla a sua erosão. O feijão-frade é, por conseguinte, uma cultura valiosa e uma componente integral dos sistemas de rotação de culturas.

Devido às condições agro-climáticas favoráveis, a cultura ganhou muita importância em Kerala e passou a ocupar uma posição de destaque entre as culturas hortícolas cultivadas no Estado. No entanto, a produção de feijão-frade é prejudicada por uma série de doenças, *nomeadamente a* murchidão de Fusarium, a antracnose, o míldio e a podridão do colo, a ferrugem, o oídio, a mancha foliar de Cercospora, a podridão das vagens de Choanephora, a podridão do caule de Pythium, doenças virais, *etc.*, que causam a supressão do crescimento ou a morte das plantas, conduzindo a uma redução do rendimento e da produtividade. Entre as várias doenças, a murcha de Fusarium surgiu como a principal doença fúngica que afecta a cultura em Kerala.

A murcha de Fusarium do feijão-frade, que pode causar uma perda total de rendimento, manifesta-se como inchaço do caule basal, amarelecimento, murchamento e queda das folhas, secagem das videiras e, ocasionalmente, como achatamento anormal do caule ao longo da ponta de crescimento das plantas afectadas.

A aplicação de fungicidas é a abordagem mais fácil e fiável para combater as doenças na cultura comercial. No entanto, a dependência excessiva destes agro-químicos levou a problemas de poluição ambiental, ao desenvolvimento de estirpes resistentes, à destruição da flora e da fauna benéficas e também à deterioração da saúde humana devido ao consumo de produtos hortícolas. Recentemente, a Comissão Central de Insecticidas e o Comité de Registo aprovaram uma série de novas moléculas que são ecologicamente seguras, com perfis toxicológicos mais baixos e que são necessárias em doses muito mais baixas do que as anteriores. Os resultados deste estudo ajudarão a encontrar opções mais seguras para os produtores de produtos hortícolas de Kerala através do rastreio de fungicidas de nova geração registados contra o temido agente patogénico da murchidão que prejudica a cultura do feijão-frade.

A integração de métodos culturais, biológicos e químicos de uma forma compatível é essencial para se chegar a uma solução duradoura para a gestão dos agentes patogénicos das plantas. O presente estudo previa a integração de fungicidas eficazes de nova geração com práticas ecológicas para desenvolver um pacote IDM para combater a murchidão de Fusarium do feijão-frade e aumentar a produção com o mínimo de perturbação do solo e do ambiente.

CAPÍTULO 2. REVISÃO DA LITERATURA

2.1. INCIDÊNCIA, GRAVIDADE E EXTENSÃO DAS PERDAS DE RENDIMENTO DEVIDAS À MURCHIDÃO DA FUSARIOSE

A murchidão de Fusarium foi notificada como afectando várias culturas de leguminosas e a perda de rendimento devida à doença variou com a fase em que ocorreu. A murchidão de Fusarium foi registada pela primeira vez no feijão-frade nos EUA (Orton, 1902), tendo sido registada pela primeira vez na Índia por Singh e Sinha (1955). A murchidão do feijão-frade foi registada em campos de agricultores no distrito de Thiruvananthapuram de Kerala desde 1995 - 96 (Reghunath *et al.*, 1995). As perdas na produção de sementes devido à murcha de Fusarium variaram de 9,11 a 80,30% e de 8,30 a 86,51% nas cultivares de feijão-caupi BR-17 Gurgueia e IPA-206, respetivamente, no Nordeste do Brasil (Assunção *et al.*, 2003).

Relatórios do Paquistão indicavam que a produtividade do grão-de-bico era inferior à média mundial e era incerta, errática e baixa, com cerca de 10 % da produção mundial (Auckland e Vander-Maesan, 1980). Cortes *et al.* (1998) referiram que a murchidão de Fusarium era a doença mais importante do grão-de-bico transmitida pelo solo, particularmente no subcontinente indiano, na bacia mediterrânica e na Califórnia. Os ataques do agente patogénico destruíram completamente a cultura ou causaram perdas de rendimento significativas. As perdas anuais de rendimento do grão-de-bico devido à murcha de Fusarium foram estimadas em 10% na Índia e em Espanha e em 40% na Tunísia. A murcha de Fusarium reduziu o rendimento do grão-de-bico, diminuindo o rendimento e o peso das sementes. Estes efeitos estavam relacionados com a data de sementeira, a cultivar de grão-de-bico e a virulência da raça predominante *de Fusarium oxysporum* f. sp. *ciceris* (Cortes *et al.*, 2000).

As perdas devidas à murchidão do feijão-frade no Quénia variaram entre valores negligenciáveis e 100 %, dependendo da fase da cultura e dos factores ambientais (Kannaiyan e Nene, 1981). Kannaiyan *etal.* (1984) observaram uma incidência de 15,9 %, 36,6 % e 20,4 % de murcha de Fusarium no feijão-frade no Quénia, no Malavi e na Tanzânia, respetivamente, com perdas anuais estimadas em 5 milhões de dólares em cada um dos países. Na Índia, a perda anual devida à murcha de Fusarium do feijão-frade foi estimada em 71 milhões de dólares americanos em cultivares susceptíveis (Reddy *et al.*, 1993). Na Tanzânia, foi observada uma incidência da murchidão de Fusarium de 96 % no feijão-frade (Mbwaga, 1995). A murchidão de Fusarium causou perdas económicas no feijão bóer de cerca de 470000 t de grão na Índia e 30000 t de grão em África (Joshi *et al.*, 2001). Kiprop (2001) registou uma incidência de murchidão de 0 a 96,1 % no feijão bóer durante um estudo de campo realizado nas províncias oriental, costeira, central e de Nairobi, no Quénia, durante as fases de floração, formação de vagens e vagens secas. Saxena *et al.* (2002) observaram que a perda total devida à murchidão do feijão-frade era de aproximadamente 97 000 t/ano na Índia.

A murcha de Fusarium e a podridão radicular causaram grandes danos e reduziram o rendimento médio da soja até 59 % (Sinclair e Backman, 1989). As perdas de rendimento causadas pela podridão radicular de Fusarium da soja variaram de ligeiras a quase 50 %. Com o aumento do cultivo contínuo, a podridão radicular tornou-se cada vez mais grave na soja, afectando o rendimento e a qualidade (Li *et al.*, 2010).

De acordo com Maheswari *et al.* (1981), a doença do complexo da murchidão causou uma perda de rendimento de 13,9 - 95 % em campos de ervilha no Norte da Índia. A murchidão de Fusarium causou uma quebra total da cultura em condições favoráveis ao desenvolvimento da doença e tornou-se um fator limitativo importante para o cultivo de lentilhas onde a cultura era cultivada (Chaudhary e Amaijit, 2002). De acordo com Zian (2005), a murchidão de Fusarium foi uma das doenças mais destrutivas do tremoço branco, causando perdas graves no rendimento e na qualidade das sementes.

Naseri (2008) referiu que a murcha de Fusarium ou o declínio de Fusarium do feijão seco era um problema económico importante no noroeste do Irão, que apresentava até 70 % de perda de rendimento. Verificou-se que as perdas de rendimento de sementes devido à podridão radicular de Fusarium em feijão-frade suscetível eram superiores a 50 % (Akrami *et al.*, 2012). De acordo com Sivaprasad *et al.* (2013), a produtividade da grama preta na Índia foi severamente prejudicada devido a doenças causadas por bactérias, fungos e vírus. A percentagem de perda de rendimento devida a vários factores bióticos foi da ordem dos 40-60 %, dos quais o agente patogénico fúngico *Fusarium oxysporum*, que causa a doença da murchidão, foi responsável por 10-25 %.

2.2. SINTOMATOLOGIA DA MURCHA DE FUSARIUM

Singh e Sinha (1955) observaram que a murchidão de Fusarium do feijão-frade causada por *F. oxysporum* f sp. *tracheiphilum* mostrava uma murchidão súbita e total de todas as plantas jovens e, em plantas adultas, a murchidão era frequentemente precedida pelo amarelecimento das folhas, que rapidamente murchavam, deixando um caule seco e nu. Senthil (2003) descreveu que os sintomas da murcha de Fusarium do feijão-frade começavam com o amarelecimento da folhagem seguido de desfolha. As raízes e as partes inferiores do caule apodreceram, levando à secagem das videiras acima. Em casos graves, a parte inferior do caule e a parte superior da raiz axial formaram uma estrutura semelhante a um tubérculo inchado que, gradualmente, se triturou e desintegrou.

Khare (1980) referiu que os sintomas da murchidão vascular das lentilhas se manifestavam sob a forma de murchidão das folhas superiores, que se assemelhava a uma deficiência hídrica, atrofiamento das plantas, encolhimento e enrolamento das folhas da parte inferior das plantas, que se deslocavam progressivamente para o caule da planta infetada. As plantas acabaram por ficar completamente amarelas e morreram. Os sintomas das raízes incluíam um crescimento reduzido com uma descoloração castanha acentuada, pontas das raízes principais danificadas e proliferação das raízes secundárias acima da raiz principal. A descoloração do tecido vascular na parte inferior do caule nem sempre era visível. Os sintomas gerais na fase de plântula incluíam a podridão da semente e a queda súbita, mais parecida com a murchidão e o amortecimento.

De acordo com a descrição dos sintomas feita por Nene *et al.* (1991), as plântulas de grão-de-bico infectadas com a murchidão de Fusarium colapsaram e caíram no chão, mantendo a sua cor verde baça. As plantas adultas apresentaram sintomas típicos de murchidão, com queda dos pecíolos, ráquis e folíolos. As raízes das plantas murchas não apresentavam qualquer podridão externa, mas quando abertas verticalmente, observava-se uma descoloração castanha escura do xilema interno. As vagens das plantas murchas pareciam normais, mas as sementes eram geralmente mais pequenas, enrugadas e descoloradas.

Os sintomas da murcha de Fusarium na ervilha aparecem como uma viragem para baixo das folhas e estípulas, com as folhas mais velhas da ervilha infetada a ficarem secas e quebradiças. A parte basal de uma planta infetada torna-se castanha e descolorida antes da parte apical, devido à progressão ascendente do fungo no tecido vascular (Haglund e Kraft, 2001).

Kurmut *et al.* (2002) observaram que a podridão radicular do feijão faba causada por *F. nygami* apresentava podridão negra da raiz e deterioração do sistema radicular lateral. As plantas gravemente infectadas apresentaram cancro negro no pescoço ao nível do solo. Estes sintomas foram geralmente acompanhados pela perda de turgor da folha, seguida de escurecimento e morte de folhas intactas.

De acordo com Jasnic *et al.* (2005), os sintomas da murcha de Fusarium na soja incluíam clorose foliar, murcha da porção apical da planta, necrose da raiz e do caule inferior e murcha de toda a planta. As vagens eram frequentemente pouco desenvolvidas. As sementes eram mais pequenas, mais leves e estavam infectadas.

Karimi *et al.* (2012) descreveram os sintomas no feijão-de-pombo como clorose progressiva das folhas, clareamento interveinal, murchamento parcial e colapso do sistema radicular. O sintoma interno mais caraterístico era uma faixa púrpura que se estendia para cima a partir da base do caule principal. O xilema desenvolveu estrias negras que resultaram numa banda castanha ou em bandas púrpura escuras na superfície do caule de plantas parcialmente murchas que se estendiam para cima a partir da base e eram visíveis quando o caule principal ou os ramos primários eram abertos. A intensidade do acastanhamento ou escurecimento diminuiu da base para a ponta da planta. Por vezes, os ramos inferiores apresentavam sintomas de morte com uma faixa púrpura que se estendia da ponta para baixo, com intenso escurecimento do xilema interno.

2.3. CARACTERIZAÇÃO DO AGENTE PATOGÉNICO

2.3.1. Caracterização morfológica e cultural de *Fusarium* spp.

Na natureza, os agentes patogénicos para as plantas existem sob a forma de diferentes estirpes que apresentam variações nos seus caracteres morfológicos e culturais, patogenicidade e virulência. Para compreender a situação atual das doenças das plantas e prever o seu possível desenvolvimento futuro, é essencial aprender o mais possível sobre a variabilidade dos fungos patogénicos para as plantas.

Madhukeshwara (2000) estudou a variabilidade morfológica e cultural entre seis isolados de *F. oxysporum* f sp. *udum* que causam a murchidão do feijão-frade. Todos os isolados variaram entre si em termos de crescimento, micélio, pigmentação e esporulação. A maior parte dos isolados produziu micélio branco e cotonoso, pigmentação de amarelo pálido a vermelho escuro e esporulação moderada a profusa em meio PDA. Os tamanhos dos micro e macro conídios foram 6 - 8 x 2 - 3 µm e 19 - 26 x 3,5 µm, respetivamente. A septação variou de 2 a 5 nos macroconídios e de 0 a 1 nos microconídios. Os macroconídios tinham forma de foice com extremidades pontiagudas e eram hialinos. Os microconídios tinham forma oval e eram hialinos.

Desai *et al.* (2003) observaram que o tamanho dos micro e macro conídios de *F. oxysporum* f. sp. *ricini*, causador da murchidão da mamona, variava entre 5,25 - 14,00 µm x 3,50 -7,00 µm e 17,5 - 70,00 µm x 3,50 - 5,25 µm, respetivamente. Os isolados que eram altamente virulentos produziram esporulação abundante, enquanto os isolados moderadamente virulentos tinham esporulação fraca.

Honnareddy e Dubey (2007) descreveram as caraterísticas morfológicas e culturais de diferentes isolados de *F. oxysporum* f sp. *ciceris*, causador da murchidão do grão-de-bico, recolhidos nas principais zonas de cultivo de grão-de-bico da Índia. Os isolados apresentavam uma pigmentação variável do meio, desde o branco normal ao violeta, castanho, violeta avermelhado, violeta esverdeado, rosa amarelado e verde escuro. A intensidade da cor variou com a idade e a temperatura. A maioria dos isolados produziu micélio aéreo e fofo e alguns produziram micélio plano e suprimido. A contagem de esporulação variou de 0,4 x 10^6 a 2,3 x 10^6 conídios/ml. Foram observados clamidósporos em culturas com dez dias de idade de todos os isolados. Eram terminais ou intercalares e formavam-se individualmente ou em pares, mas raramente em cadeias. Todos os isolados produziram microconídios e macroconídios em abundância. Kumar *et al.* (2012) opinaram que os isolados de *F. oxysporum* f. sp. *ciceri* recolhidos na região do planalto oriental da Índia pareciam diferir uns dos outros no que diz respeito às suas caraterísticas morfológicas e patogénicas. Os clamidósporos produzidos eram terminais ou intercalares e a contagem de esporulação variou de 0,4 x 10^6 a 1,0 x 10^6 conídios/ml.

Chavan (2007) referiu que os isolados de *F. solani* que causam a murchidão do patchouli apresentaram um crescimento moderado, cobrindo a placa de ágar no prazo de 6 a 10 dias. A colónia era esparsa a densa, de cor branca acinzentada a rosada. O agente patogénico produziu três tipos de esporos: macroconídios, microconídios e clamidósporos. Os microconídios eram abundantes, hialinos, cilíndricos, com uma ou duas células e mediam 6,60 - 19,80 µm x 3,30 - 6,60 µm. Os macroconídios eram 3 - 4 septados e mediam 29,70 - 47,85 µm x 4,95 - 6,60 µm. As clamidósporas eram hialinas, esféricas e unicelulares e mediam 8,25 - 11,5 µm x 6,60 - 9,90 µm. Foram produzidos isoladamente ou, por vezes, em cadeias.

Mwangombe *et al.* (2008) referiram que os isolados quenianos de *F. solani* f. sp. *phaseoli* do feijão comum apresentavam uma elevada variabilidade nas caraterísticas das colónias em meio PDA. A textura micelial era fofa ou fibrosa e as cores das colónias observadas eram púrpura, rosa e branca. As hifas dos isolados cultivados eram altamente ramificadas, delgadas, septadas e produziam conídios e clamidósporos. Os microconídios observados nos isolados eram 0 - 1 septados, e seu comprimento variava de 6,0 a 13,0 µm, enquanto a largura variava de 2,8 a 3,6 µm. Os macroconídios mais comumente observados em todos os isolados variaram de 3 a 7 septos. A média do comprimento x largura dos macroconídios foi de 36 x 4,0 µm.

Chandran e Kumar (2012) estudaram a variabilidade cultural e morfológica entre os isolados de *F. solani,* um agente da podridão radicular seca em citrinos. A maioria dos isolados cresceu mais de 85 mm após sete dias de inoculação. Observou-se micélio branco denso e fofo com anéis concêntricos ou micélio elevado com margens lisas para os isolados. Registou-se uma esporulação moderada a profusa. A pigmentação dos isolados variou de rosa pálido a vermelho escuro ou de amarelo pálido a amarelo escuro. O tamanho dos macroconídios variou de 13 - 15 pm x 3 - 4 pm a 27 - 29 pm x 4 - 5 pm e o tamanho dos microconídios variou de 3 - 4 pm x 1-2 pm a 9 - 10 pm x 1 - 3 pm. O número de septos nos macroconídios e microconídios foi de 3 - 5 e 0 - 1, respetivamente, e os conídios eram hialinos. Os macroconídios tinham forma de foice com extremidade romba e os microconídios tinham forma redonda a oval. Foram observados clamidósporos intercalares e terminais em todos os isolados de *F. solani.*

Motlagh (2010) observou os caracteres de *F. equiseti* associados a *Echinochloa* spp., como micélio abundante inicialmente branco, tornando-se castanho com a idade. Notou-se uma pigmentação castanha pálida a escura. Os macroconídios eram longos e delgados com uma curvatura dorsiventral. A célula apical era cónica e alongada ou em forma de chicote. A célula basal tinha forma de pé e aparência alongada. O número de septos era geralmente de 5 a 7. Os microconídios estavam ausentes. Zainudin *et al.* (2011) observaram que, entre as espécies de *Fusarium* associadas à podridão da espiga do milho por Fusarium, *F. equiseti, F. longipes* e *F. pseudograminearum* produziam apenas macroconídios sem microconídios.

2.3.2. ITS - Identificação molecular baseada em sequências *de Fusarium* spp.

Os genes do ARN ribossómico (ARNr) possuem caraterísticas que são adequadas para a deteção de agentes patogénicos ao nível da espécie. A unidade de repetição do rDNA contém regiões genéticas e não genéticas ou espaçadores. Cada unidade de repetição é constituída por uma cópia do rDNA 18S, 5.8S e 28S e dois espaçadores, o espaçador interno transcrito (ITS) e o espaçador intergénico (IGS) (O'Donnell, 1992). Os genes rDNA têm sido utilizados para analisar eventos evolutivos importantes porque são altamente conservados, enquanto o espaçador interno transcrito do rDNA (ITS 1 e ITS 2) é mais variável, pelo que tem sido utilizado para a investigação da relação ao nível das espécies (Bruns *et al.*, 1991) e tem sido utilizado na classificação de espécies de fungos devido à sua utilidade sistemática e taxonómica (Chillali *et al.*, 1998).

Mishra *et al.* (2000) analisaram a possibilidade de utilizar a comparação das sequências ITS para agrupar isolados *de Fusarium* em duas secções, uma composta por *Discolor, Sporotrichiella* e *Gibbosum* e a outra por *Elegans, Liseola, Martiella* e *Roseum*, e resolveram os problemas de identificação e taxonomia de *Fusarium* spp. especialmente a nível seccional. Shahnazi *et al.* (2012) identificaram isolados de *F. solani* e *F. proliferatum* responsáveis pela doença do amarelecimento da pimenta-do-reino com base na sequenciação das regiões ITS 1 e ITS 2 e do ADN ribossómico 5.8S e confirmaram que esta técnica molecular permitia a identificação de *Fusarium* ao nível da espécie.

2.4. GESTÃO INTEGRADA DAS DOENÇAS CAUSADAS PELA MURCHIDÃO DA FUSARIOSE

O controlo das doenças das plantas é bem sucedido quando toda a informação disponível sobre a cultura, o seu agente patogénico, as condições ambientais, as medidas de controlo e os seus custos são tidos em conta para controlar a doença. A gestão integrada das doenças implica a seleção e aplicação de uma gama harmoniosa de estratégias de controlo que minimizem as perdas e maximizem os rendimentos.

A alteração do solo com resíduos de folhas de couve em combinação com a solarização do solo com cobertura de polietileno transparente (25 µm) durante 40 dias resultou num aumento de 9,8°C na temperatura máxima média e na eliminação completa de *F. oxysporum* f. sp. *gladioli* a 5 cm de profundidade do solo (Raj *et al.*, 2005). A solarização do solo sozinha ou em combinação com o tratamento de sementes com thiram + benomyl (1:1) @ 3 g/kg de semente reduziu a murchidão do feijão-de-pombo em 22,8 % e 22,6 % durante o primeiro ano e 16,3 % e 15,7 % durante o segundo ano, respetivamente (Gade *et al.*, 2007). A integração da solarização do solo durante 15 dias no verão, seguida do cultivo de sorgo na *kharif*, e a aplicação de grânulos de carbendazim @ 10 kg/ha um mês após a sementeira ou a aplicação de *T. viride* em suporte orgânico @ 62,5 kg/ha foi altamente eficaz para a gestão da murchidão dos cominhos (Jadeja e Nandoliya, 2008). A solarização do solo por um período de 40 dias em combinação com a imersão de cormos em carbendazim + iprodione seguida de duas vezes a aplicação no solo do mesmo fungicida registou a menor incidência de murcha de

Fusarium do gladíolo (Chandel e Tomar, 2011). A integração da solarização do solo com a aplicação de *T. harzianum,* extrato de neem e captan (0,01 %) resultou numa redução de 100 % da murcha de Fusarium do tomateiro nos campos hortícolas de Bengala Ocidental (Ojha e Chatterjee, 2012).

Estudos conduzidos por Senthil (2003) revelaram que a combinação de tratamento de sementes (4 g/kg de semente) e aplicação no solo (2,5 kg/ha) de *T. viride,* aplicação no solo de bolo de neem 150 kg/ha e encharcamento do solo de mancozeb (0,3 %) suprimiu eficazmente a murcha de Fusarium do feijão-caupi em Kerala e também aumentou sensivelmente a biomassa e o rendimento de vagens da cultura. Madhavi e Bhattiprolu (2011) indicaram que a integração da imersão das raízes das plântulas com carbendazim (0,1 %), a adição de vermicomposto @ 100 g/kg de solo, a aplicação da combinação de fungicida carbendazim + mancozeb (0,2 %) juntamente com a aplicação no solo de *T. viride* @ 100 g/pot foi considerada mais eficaz contra *F. solani,* incitante da murchidão da malagueta, com uma mortalidade mínima das plantas (5,83 %). Ensaios conduzidos por Hossain *et al.* (2013) revelaram que a integração do tratamento do solo com *T. harzianum* isolado T-75, extrato de folhas de *Azadirachta indica* e tratamento de sementes com Provax-200 pareceu ser significativamente superior na redução da murchidão e na melhoria do rendimento de sementes de grão-de-bico, em comparação com qualquer aplicação simples ou dupla no campo.

Experimentos conduzidos na Universidade Agrícola de Tamil Nadu para o manejo integrado da murcha de Fusarium da banana revelaram que a aplicação basal de torta de nim a 0,5 kg/planta + imersão de ventosas em suspensão de esporos de *P. fluorescens* por 15 min + aplicação no solo de *P. fluorescens* a 10 g/planta a 3,5 e sete meses após o plantio mostraram a maior supressão da doença da murcha (Saravanan *et al.,* 2003). Zote *et al.* (2007) relataram que a aplicação no solo/sementes de *T. viride* registou a menor incidência de murchidão do grão-de-bico (19,04 - 33,33 %), a maior redução da murchidão (66,67 - 80,86 %) e a máxima germinação de sementes (86,73 - 90.00 %) seguido por aplicações no solo de torta de nim e torta de mamona, que registraram 86,60 % e 85,40 % de germinação de sementes e 38,09 % e 47,60 % de incidência de murcha e 61,91 % e 52,40 % de redução de murcha, respetivamente. Ensaios de campo conduzidos por Bhatnagar *et al.* (2012) revelaram que uma combinação de vermicomposto como aplicação no solo @ 1,5 t/ha + torta de nim como aplicação no solo @ 0,5 t/ha e carbendazim como tratamento de sementes @ 2 g/kg de semente registou a incidência mínima de murcha de cominho de 5,6 % e o maior rendimento de 6,25 q/ha.

Chattopadhyay e Sastry (1999) relataram que o tratamento de sementes com carbendazim (0,1 %) e uma estirpe tolerante a fungicidas de *T. viride (Tv* Mut) integrado com a aplicação no solo de cloreto de potássio @ 20 kg/ha resultou num rendimento mais elevado e numa redução máxima (82,7 %) da incidência da murchidão do cártamo e da população de *F. oxysporum* na rizosfera do solo. A aplicação combinada de sulfato de manganês (12,5 mg/kg) + *T. harzianum* (1,25 mg/kg de solo) reduziu significativamente a incidência da murchidão da alfafa, acompanhada por um melhor crescimento e rendimento das plantas em cultura em vaso (Adhilakshmi *et al.*, 2008). Uma combinação de tratamento de sementes com carbendazim @ 2 g/kg de semente + aplicação no solo de *P. fluorescens* e *T. viride* cada um @ 2,5 kg/ha em FYM @ 50 kg/ha registou a menor incidência média de murchidão do grão-de-bico de 7,25% com um rendimento médio de 1203,17 kg/ha (Mahesh *et al.*, 2010). Foi observada uma redução significativa (13,81 %) na incidência da murchidão do feijão-frade no tratamento combinado de sementes de metiram (0,1 %) + *T. viride*, que foi igual à do *T. viride* sozinho (20,26 %) em comparação com o controlo (52,23 %) (Ram e Pandey, 2011).

2.4.1. Solarização do solo

A solarização do solo é um método simples, seguro e eficaz de aquecer o solo, cobrindo-o com uma folha de polietileno transparente durante os períodos quentes, para controlar as doenças transmitidas pelo solo.

Desai e Dange (2003) avaliaram o efeito da solarização do solo na murcha de Fusarium da mamona e relataram que a solarização aumentou a temperatura média do solo em 8,53° C a 10 cm de profundidade e reduziu a população de patógenos em 67,25%, a incidência de murcha em 38,43% e aumentou a produção de sementes de mamona em 124,68% em comparação com parcelas não solarizadas. Tamietti e Valentino (2006) observaram que a semi-solarização e a solarização total por cinco anos consecutivos aumentaram a temperatura média do solo a 25 cm de profundidade em 8,6 - 12,6°C e 12,6 - 16,3°C, respetivamente, reduziram a população nativa de *Fusarium* spp. de 2-7 x 10^3 para 0 - 25 cfu/g de solo e a incidência de murcha em 82 - 90 %.

A solarização do solo com cobertura de plástico LLDPE de 25 µm durante 15 dias no verão revelou-se mais eficaz na redução da incidência da murchidão do cominho para 26,27 % contra 44,09 % na não solarização e aumentou o rendimento para 396 kg/ha contra 286 kg/ha em parcelas não solarizadas (Jadeja e Nandoliya, 2008). Os efeitos da solarização do solo contra a murchidão das sementes de linho indicaram que a redução média da incidência da murchidão foi de 58,7 % quatro semanas após a solarização, seguida de três semanas (41,0 %), duas semanas (25,5 %) e uma semana (18,5 %). O rendimento incremental foi de 109,0 %, 66,9 %, 58,0 % e 18,4 %, respetivamente (Kishore *et al.*, 2008).

A solarização com folha de polietileno transparente e folha de plástico biodegradável de 25 µm de espessura durante 40 dias resultou num aumento da temperatura máxima média do solo em 5,6 e 3,0°C, respetivamente, dentro da estufa e reduziu a incidência da murchidão do cravo em 81,82 e 63,63%, respetivamente (Negi e Raj, 2013). Saremi e Saremi (2013) tentaram a solarização do solo para o manejo de *F. pseudograminearum*, *F. solani* e *F. oxysporum*, os agentes causais da doença da murcha do trigo, feijão e tamareira, respetivamente. Após seis semanas de solarização, as densidades populacionais destas espécies diminuíram de 900 - 100 cfu/g em *F. solani*, de 600 a 50 cfu/g em *F. oxysporum* e de 550 - 0 cfu/g em *F. pseudograminearum*, mostrando um resultado promissor no controlo de agentes patogénicos transmitidos pelo solo.

A literatura sobre o efeito da solarização do solo na melhoria dos parâmetros de crescimento e rendimento das plantas também é aqui revista. Kumar *et al.* (2002b) observaram que a solarização de campos de tomate usando uma folha de polietileno transparente de 0,05 mm resultou em plantas mais altas (78,4 cm), frutos de tamanho grande (0,893 kg/planta), maior número de ramos por planta (8,20 por planta), índice de área foliar (2,563), rendimento da cultura (21,6 t/ha), rendimento bruto (Rs 10.0306 /ha), rendimento líquido (Rs 80.451 /ha) e relação benefício: custo (1: 4,05). Os efeitos do período de solarização do solo sobre a produtividade da soja revelaram que a solarização por quatro e cinco semanas com um polietileno transparente aumentou acentuadamente os atributos de rendimento, como número de vagens por planta, peso de 1000 sementes, número de sementes por vagem e rendimento de sementes de soja, enquanto o maior rendimento de sementes (1645 kg/ha) foi obtido com a solarização por cinco semanas, que foi 110% maior do que o rendimento de sementes de parcelas não solarizadas (Singh *et al.,* 2004).

Patel *et al.* (2008) opinaram que a altura máxima da planta, o número de ramos, o número de vagens por planta, a acumulação total de matéria seca, bem como a produção de vagens e de cascas de amendoim foram registados quando a folha de polietileno transparente (TPE) de 0,025 mm foi mantida durante 45 dias. Thankamani *et al.* (2008) relataram que as estacas de pimenta-do-reino cultivadas em mistura de vasos solarizados com os nutrientes recomendados mostraram um aumento significativo no número de folhas (5,3), comprimento das raízes (20 cm), área foliar (177 cm^2), conteúdo de nutrientes e biomassa (3,7 g/planta).

Jimenez *et al.* (2012) observaram que a solarização do solo antes do plantio melhorou o crescimento, a nutrição e o rendimento do feijão seco e os resultados indicaram que 60 dias de solarização produziram rendimentos de 3,7 t/ha, enquanto nenhuma solarização produziu rendimentos de 2,1 t/ha. As unidades de calor do solo foram positivamente correlacionadas com o rendimento devido a um aumento da acumulação de calor durante os períodos de solarização, para além de um aumento da área foliar e de uma melhoria da nutrição das plantas.

2.4.2. Emenda do solo com bagaço de Neem enriquecido com *Trichoderma* Mistura de estrume orgânico

A alteração do solo com matéria orgânica decomponível ajuda a alterar as condições físicas, químicas e bióticas do solo e melhora a estrutura do solo, promovendo o crescimento das raízes do hospedeiro. Além disso, o enriquecimento com micróbios antagonistas reduz o potencial de inóculo dos agentes patogénicos que vivem no solo.

Experiências realizadas na Universidade Agrícola de Kerala revelaram que uma combinação de estrume orgânico + bagaço de nim + fungos micorrízicos arbusculares + *Trichoderma* produziu um rendimento significativamente mais elevado em gengibre e uma acumulação de nutrientes no solo, *nomeadamente* azoto, fósforo e potássio (Sreekala e Jayachandran, 2006). Kulkarni e Anahosur (2011) relataram que a aplicação pré-semeadura de adubo orgânico + torta de nim + *T. harzianum* + *T. viride* foi mais eficaz para evitar a infeção por podridão do caule no milho e registou o máximo de estande de plantas (97,33 %) e o maior rendimento de grãos (1363,14 kg/ha). Latha (2013) observou que a menor incidência de podridão de colarinho (20,4%) e o rendimento máximo de vagens de amendoim (1321kg/ha) foram registados na aplicação combinada de *P. fluorescens, T. viride,* bolo de neem e estrume de curral (FYM).

O tratamento de sementes @ 4 g/kg de semente + aplicação no solo (aos 0 e 30 dias após a sementeira) @ 100 g/m^2 de *T. virens* combinado com FYM mostrou uma redução máxima da incidência de podridão radicular seca do feijão-urd, aumentou a população rizosférica de antagonistas, inibiu os propágulos de *M. phaseolina* e melhorou os parâmetros de crescimento (Christopher *et al.,* 2008). A eficácia de *T. harzianum* e *T. viride* como tratamento de sementes e aplicação no solo com ou sem FYM no controlo da murcha de Fusarium do cominho revelou que a maior redução na incidência de murcha foi registada quando *T. harzianum* foi utilizado como tratamento de sementes @ 4 g/kg de semente + aplicação no solo @ 5 g/kg de solo juntamente com a alteração do solo de estrume de quintal @ 10 g/kg de solo e também resultou no maior peso seco das plantas de cominho (Gangopadhyay e Gopal, 2010). Godhani *et al.* (2010) observaram que a incidência da doença da murchidão do grão-de-bico foi significativamente menor (5,35 %), o rendimento de grãos mais elevado (1247 kg/ha) e o perímetro máximo (80 cm) da copa das plantas em sementes tratadas com *T. harzianum* @ 8 g/kg de semente + aplicação de solo de FYM (5 t/ha) colonizado com *T. harzianum* (2 x 10^{12} esporos /ha).

Saravanan *et al.* (2003) observaram que a aplicação basal de torta de nim @ 0,5 kg/planta junto com *P. fluorescens* ou *T. viride* @ 10 g/planta teve uma redução significativa na incidência da murcha de Fusarium da banana. Estudos conduzidos na Universidade de Annamalai revelaram que a combinação de *T. viride, P. fluorescens, P. lilacinus* e torta de nim como tratamento de semente junto com a aplicação no solo registrou incidência mínima de murcha e aumentou significativamente o comprimento do broto, comprimento da raiz, biomassa e produção de frutos no tomate (Sivakumar *et al.,* 2008).

Patel e Patel (2012) avaliaram a eficácia de emendas orgânicas à base de *Trichoderma* na gestão da murcha de Fusarium do feijão-guandu e descobriram que foi observada uma incidência significativamente menor de murcha de 13,47% na torta de gergelim, que estava a par da torta de nim

(13,93%). Sumanal *et al.* (2012) relataram que a formulação da torta de nim de *T. viride* foi considerada mais promissora do que a formulação de talco contra a murcha de Fusarium e a doença do complexo de nós radiculares no tabaco e afetou 60,9% do controle da doença em relação ao controle quando aplicada aos 60 e 70 dias após o transplante.

Bhaskar *et al.* (2007) revelaram que *T. harzianum* em combinação com FYM ou bolo de neem provou ser o tratamento mais eficaz na redução do complexo de doenças da podridão radicular em berseem e registou os maiores rendimentos de forragem verde. Chawla e Gangopadhyay (2009) observaram que a potencialidade antagonista de *T. harzianum* e *P. fluorescens* contra *F. oxysporum* f. sp. *cumini* era relativamente melhor na presença de estrume de quintal ou bagaço de mostarda.

2.4.3. Fungicidas

A aplicação de fungicidas continua a ser um dos meios mais fáceis e melhores para mitigar as perdas devidas a doenças na cultura comercial.

O crescimento e a esporulação de *F. oxysporum* f sp. *lini* foram completamente inibidos por carbendazim, benomyl e oxicloreto de cobre (500, 1000 e 1500 ppm) em todas as concentrações experimentadas *in vitro* (Sharma *et al.*, 2002). A inibição máxima do crescimento micelial de *F. oxysporum* f. sp. *cumini* na concentração mais baixa de fungicida (10 ppm) *in vitro* foi demonstrada por carbendazim e tiofanato-metilo (Bardia e Rai, 2007). Carbendazim (0,1 %), tirame (0,15 %) e captana (0,1 %) isolados e em combinação testados contra *F. oxysporum* f sp. *ciceris in vitro* revelaram que as sementes de grão-de-bico tratadas com tirame (0,15 %) + carbendazim (0,1 %) inibiram eficazmente o crescimento (90 %) do agente patogénico (Nikam *et al.*, 2007).

Entre os fungicidas testados *in vitro* contra *F. oxysporum* f. sp. *ciceris, o* carbendazim, o hidróxido de cobre, o sulfato de cobre, o captan e o tirame foram eficazes, uma vez que impediram completamente o crescimento do fungo (Tripathi *et al.*, 2007). A avaliação *in vitro* dos fungicidas contra *F. oxysporum* f. sp. *cubense* indicou que a carboxina + tirame (500, 1000, 2000 e 3000 ppm) e a azoxistrobina (0,01, 0,1, 1, 2, 3 e 4 ppm) tiveram o melhor efeito na redução da colónia de fungos (Araujo *et al.*, 2008). A eficácia *in vitro* dos fungicidas contra *F. oxysporum* f. sp. *lentilhas* mostrou que o carbendazim e a carboxina inibiram completamente o crescimento do agente patogénico, enquanto o tirame e o captafol inibiram 87,5 % e 83,1 % do crescimento micelial, respetivamente (Singh *et al.*, 2010).

Madhavi e Bhattiprolu (2011) observaram que, entre os fungicidas testados *in vitro* contra *F. solani,* carbendazim + mancozeb (0,2 %) foi considerado altamente eficaz na inibição do crescimento micelial (93,6 %), seguido por carbendazim (0,1 %) (92,4 %) e benomyl (0,1 %) (91,34 %). O tebuconazol (0,5 %) (83,1%) e o tiofanato-metilo (0,1 %) (80,1 %) também foram eficazes, enquanto o pencycuron (0,1 %) (4,1 %) foi ineficaz para o controlo de *F. solani.* Carbendazim (500 µg/ml), difenoconazole (100 μl/ml), hexaconazole (200 μl/ml), captan + hexaconazole (250 μg/ml), e carbendazim + mancozeb (500 μg/ml) inibiram completamente o crescimento micelial de *F. udum in vitro* (Ram e Pandey, 2011).

Diferentes concentrações (35, 70, 105 e 140 ppm) de tebuconazol e tiofanato-metilo avaliadas contra *Macrophomina phaseolina, F. oxysporum* f. sp. *lycopersici* e *Sclerotium rolfsii* isolados de feijão-frade, tomate e grão-de-bico indicaram que todas as concentrações de tebuconazol pararam completamente o crescimento de três espécies de fungos, enquanto o tiofanato-metilo foi ineficaz contra todas as espécies de fungos (Kanwal *et al.,* 2012). Benomyl e captaf a 400 μg/ml inibiram completamente o crescimento de *F. oxysporum* f. sp. *lentilhas, in vitro* (Garkoti *et al.*, 2013).

A eficácia *in vivo* do tratamento de sementes com carbendazim e carboxina contra *F. oxysporum* f. sp. *lentilhas* indicou que o carbendazim e a carboxina melhoraram a germinação das sementes (90,0 % e 89,0 %), o comprimento da raiz (10,1 cm e 10,0 cm.), o comprimento do rebento (4,8 cm e 4,8 cm) e o índice de vigor (1342,0 e 1317,0) das lentilhas. Da mesma forma, a pulverização foliar com estes dois fungicidas separadamente deu melhores resultados na redução da incidência de murchidão de 37,5 para 5,0 % (Singh *et al.,* 2010). O tratamento de sementes com carbendazim proporcionou uma germinação máxima (94,5 %) no melão almiscarado e uma incidência mínima (16,5 %) de murchidão, seguido do difenoconazol e do propiconazol, que foram equivalentes tanto no aumento da germinação das sementes (90,2 e 90,0 %, respetivamente) como na redução da incidência de murchidão (22,5 e 25,2 %, respetivamente) (Gurjar e Shekawat, 2012).

A imersão das plântulas com carbendazim (1 g/l de água) contra *F. oxysporum* f. sp. *lycopersici* reduziu significativamente a incidência da murchidão do tomateiro em 73,1% (Musmade *et al.,* 2009). O procloraz e o bromuconazol a 10 μg/ml reduziram completamente a murchidão do tomateiro, tanto antes como depois da inoculação do agente patogénico (Amini e Sidovich, 2010).

O encharcamento do solo com carbendazim + mancozeb e carbendazim sozinho registou uma inibição de 100% do crescimento micelial de *F. solani* a 1000, 2000 e 3000 ppm a 10 e 15 cm de profundidade de inóculo, enquanto o tebuconazol e o tiofanato-metilo foram eficazes a 3000 ppm quando aplicados a ambas as profundidades (Madhavi e Bhattiprolu, 2011). O encharcamento do solo com carbendazim 50 WP @ 40 g/m^2 foi mais eficaz, exibindo uma incidência de murchidão de 29,17 % e um rendimento de frutos de 68,87 q/ha em malagueta (Najar *et al.,* 2012). O carbendazim e o propiconazol foram eficazes no controlo da murchidão do tabaco, com 61,47% e 60,29%, e um aumento do rendimento total de folhas curadas de 24,53% e 31,77%, respetivamente (Sumanal *et al.*, 2012).

CAPÍTULO 3. MATERIAIS E MÉTODOS

3.1. ESTUDOS DE SINTOMATOLOGIA

A incidência natural da murcha de Fusarium do feijão-frade foi observada nos campos dos agricultores e foi registada a sequência de acontecimentos que conduziram à morte final das plantas.

3.2. ISOLAMENTO DO AGENTE PATOGÉNICO

As raízes e o caule das plantas de feijão-frade infectadas foram lavados em água corrente da torneira para remover as partículas de solo aderentes e cortados em pequenos pedaços de 1 a 2 mm com uma lâmina esterilizada. Estes pedaços foram então esterilizados à superfície com uma solução aquosa a 0,1 % de cloreto de mercúrio ($Hg\ Cl_2$) durante um minuto, seguida de lavagem com três mudas de água esterilizada. Os pedaços foram transferidos assepticamente para placas de Petri estéreis contendo Ágar Batata Dextrose (PDA) solidificado e incubados à temperatura ambiente. O crescimento fúngico que apareceu nas placas foi transferido para as lâminas de PDA (Aneja, 2003).

Os isolados fúngicos assim obtidos foram purificados através da técnica de isolamento de um único esporo. Uma suspensão de esporos seriamente diluída de cada isolado, preparada a partir de uma cultura com sete a oito dias, foi colocada em placas de Petri em ágar simples esterilizado (2 %), em condições asépticas. As placas foram incubadas à temperatura ambiente durante 24 h. Um único esporo localizado ao microscópio foi marcado com uma caneta de ponta fina e transferido para placas de PDA para estudos posteriores (Aneja, 2003).

3.3. CARACTERIZAÇÃO DO AGENTE PATOGÉNICO

3.3.1. Caracterização morfológica e cultural de *Fusarium* spp.

Os caracteres morfológicos e culturais de diferentes isolados do agente patogénico foram estudados através do seu cultivo em PDA e comparados com os mencionados por Booth (1971). Os caracteres micro-morfológicos dos conídios e conidióforos foram estudados seguindo a técnica de cultura em lâmina, tal como descrita por Riddel (1974). O tamanho e a forma dos conídios foram medidos utilizando um analisador de imagens (software Motic images plus 2.0). Foi observado o modo de produção de clamidósporos: solitário, pares, cadeias e localização. Os caracteres culturais, como a natureza e o crescimento do micélio, a cor/pigmentação dos diferentes isolados e a esporulação, foram registados após sete a oito dias de inoculação. O crescimento radial do agente patogénico foi registado até 10 dias após a inoculação.

3.3.2. Caracterização molecular dos isolados de agentes patogénicos associados à murchidão de Fusarium por sequenciação parcial da região ITS (Internal Transcribed Spacer) do rDNA

Os isolados do agente patogénico obtidos de diferentes locais foram caracterizados numa base molecular através da comparação das sequências ITS dos isolados. O procedimento para a caraterização molecular foi o seguinte:

- ***Isolamento de ADN utilizando NucleoSpin® Plant II (Macherey-Nagel)***

Cerca de 100 mg de tecido/micélio foram homogeneizados em 400 µl de tampão PL1. Foram adicionados 10 µl de solução de RNase A e invertidos para misturar. O homogenato foi incubado a 65° C durante 10 minutos. O lisado foi transferido para um filtro Nucleospin e centrifugado a 11000 x g durante dois minutos. O líquido de escoamento foi recolhido e o filtro foi eliminado. Foram adicionados 450 µl de tampão PC e misturados bem. A solução foi transferida para uma coluna Nucleospin Plant II, centrifugada durante um minuto e o líquido de escoamento foi eliminado. Foram adicionados 400 µl de tampão PW1 à coluna, centrifugada a 11000 x g durante um minuto e o líquido de escoamento foi eliminado. Em seguida, adicionou-se 700 µl de PW2, centrifugou-se a 11000 x g e rejeitou-se o líquido de escoamento. Por fim, adicionou-se 200 µl de PW2 e centrifugou-se a 11000 x g durante dois minutos para secar a membrana de sílica. A coluna foi transferida para um novo tubo de 1,7 ml e foram adicionados 50 µl de tampão PE e incubada a 65° C durante cinco minutos. A coluna foi então centrifugada a 11000 x g durante um minuto para eluir o ADN. O ADN eluído foi armazenado a 4° C.

- ***Eletroforese em gel de agarose para verificação da qualidade do ADN***

A qualidade do ADN isolado foi verificada por eletroforese em gel de agarose. Foi adicionado um µl de tampão de carregamento de gel 6X (0,25 % de azul de bromofenol, 30 % de sacarose em tampão TE pH 8,0) a cinco µl de ADN. As amostras foram carregadas num gel de agarose a 0,8 % preparado em tampão TBE (Tris-Borato-EDTA) 0,5X com 0,5 µg/ml de brometo de etídio. A eletroforese foi realizada com TBE 0,5X como tampão de eletroforese a 75 V até que a frente do corante de bromofenol tenha migrado para o fundo do gel. Os géis foram visualizados num transiluminador UV (Genei) e a imagem foi captada sob luz UV utilizando o sistema Gel documentation (Bio-Rad).

- Análise PCR

As reacções de amplificação por PCR foram efectuadas num volume de reação de 20 µl que continha um tampão de PCR 1X (contém 1,5 mM de $MgCL_2$), 0,2 mM de cada dNTP (dATP, dGTP, dCTP e dTTP), 10 ng de ADN, 0,4 µl de enzima Phire HotStart II DNA polimerase (Thermo scientific), 0,1 mg/ml de BSA, 5 pM de iniciadores forward e reverse. Os iniciadores utilizados foram:

Objetivo	Nome do iniciador	Direção	Sequência (5' -> 3')	Referência
ITS	ITS-1F	Avançar	TCCGTAGGTGAACCTTGCGG	White *et al.* (1990)

	ITS-4R	Inverter	TCCTCCGCTTATTGATATGC	

A amplificação por PCR foi efectuada num termociclador de PCR (GeneAmp PCR System 9700, Applied Biosystems).

- Perfil de amplificação PCR

98 °C - 30 sec

98 °C - 5 sec
60 °C - 10 sec } 40 cycles

72 °C - 15 sec

72 °C - 60 sec

4 °C - ∞

- Eletroforese em gel de agarose de produtos PCR

Os produtos da PCR foram verificados em géis de agarose a 1,2 % preparados em tampão TBE 0,5 X contendo 0,5 µg/ml de brometo de etídio. Misturou-se 1 µl de corante de carga 6X com 5 µl de produtos de PCR e carregou-se e efectuou-se a eletroforese a uma fonte de alimentação de 75 V com 0,5 X TBE como tampão de eletroforese durante cerca de 1-2 h, até a frente de azul de bromofenol ter migrado quase até ao fundo do gel. O padrão molecular utilizado foi 2 - log DNA ladder (NEB). Os géis foram visualizados num transiluminador UV (Genei) e a imagem foi captada sob luz UV utilizando o sistema Gel documentation (Bio-Rad).

- ***Tratamento ExoSAP-IT***

O ExoSAP-IT (GE Healthcare) consiste em duas enzimas hidrolíticas, a Exonuclease I e a Fosfatase Alcalina de Camarão (SAP), num tampão especialmente formulado para a remoção de primers e dNTPs indesejados de uma mistura de produtos PCR sem interferência em aplicações a jusante. Cinco µl de produto PCR são misturados com dois µl de ExoSAP-IT e incubados a 37° C durante 15 min, seguidos de inativação enzimática a 80° C durante 15 min.

- ***Sequenciamento usando o BigDye Terminator v3.1***

A reação de sequenciação foi efectuada num termociclador de PCR (GeneAmp PCR System 9700, Applied Biosystems), utilizando o BigDye Terminator v3.1 Cycle sequencing Kit (Applied Biosystems , EUA), de acordo com o protocolo do fabricante.

A mistura PCR era constituída pelos seguintes componentes:

Produto PCR (tratado com ExoSAP) - 10-20 ng

Escorva - 3,2 Pm (ou F/R)

Mistura de sequenciação - 0,28 µl

Tampão de reação 5X - 1,86 µl

Água destilada esterilizada - preparar até 10µl

O perfil de temperatura da PCR de sequenciação consistiu num ciclo de 1st a 96° C durante dois minutos, seguido de 30 ciclos a 96° C durante 30 segundos, 50° C durante 40 segundos e 60° C durante quatro minutos para todos os iniciadores.

- ***Limpeza da PCR pós-sequenciação***

Foi preparada uma mistura principal I de 10 µl de milli Q e dois µl de EDTA 125 mM por reação. Foram adicionados 12 µl de mistura principal I a cada reação contendo 10 µl de conteúdo de reação e foram devidamente misturados. Foi feita uma mistura principal II de dois µl de acetato de sódio 3M pH 4,6 e 50 µl de etanol por reação. Foram adicionados 52 µl de mistura principal II a cada reação. Os conteúdos foram misturados por inversão e incubados à temperatura ambiente durante 30 minutos. Em seguida, foi centrifugado a 14.000 rpm durante 30 minutos. O sobrenadante foi decantado e foram adicionados 100 µl de etanol a 70 %. Centrifugou-se a 14.000 rpm durante 20 min. Decantou-se o sobrenadante e repetiu-se a lavagem com etanol a 70 %. O sobrenadante foi decantado e o pellet foi seco ao ar. O produto limpo e seco ao ar foi sequenciado no analisador de ADN ABI 3500 (Applied Biosystems).

- ***Análise de sequências e submissão de sequências no NCBI***

A qualidade da sequência foi verificada com o Sequence Scanner Software v1 (Applied Biosystems). O alinhamento das sequências e a edição necessária das sequências obtidas foram efectuados com o Geneious Pro v5.1 (Drummond *et al.,* 2010). A identidade da região conservada ITS- rDNA dos isolados associados à murchidão de Fusarium do feijão-frade foi estabelecida através de uma pesquisa de semelhanças utilizando a ferramenta de pesquisa de alinhamento local básico (BLAST) na base de dados do Centro Nacional de Informação Biotecnológica (NCBI) e as sequências foram comparadas com a base de dados existente disponível para confirmação das espécies. Com base nos resultados da correspondência das sequências, as sequências de rDNA foram registadas na base de dados do NCBI e foram obtidos os números de acesso.

- ***Análise filogenética***

O conjunto de dados baseado na região ITS- rDNA dos isolados associados à murchidão de Fusarium do feijão-frade e outras sequências de referência de *Fusarium* foram recuperados da base de dados NCBI Genbank (EUA) e comparados. O alinhamento múltiplo das sequências foi efectuado com o programa ClustalW2 e a análise filogenética com o programa Phylogeny.fr (Dereeper *et al.,* 2008). Foi construída uma árvore de filogenia utilizando o método de junção de vizinhos (NJ). Todas as caraterísticas tiveram o mesmo peso e as lacunas foram tratadas como valores "em falta". As transições e as transversões foram incluídas na análise. O suporte dos ramos das árvores resultantes da análise de associação de vizinhos (NJ) foi avaliado por bootstrapping com 1000 réplicas, utilizando a opção de pesquisa heurística, e indicado nos nós como percentagem.

3.4. TESTES DE PATOGENICIDADE

A patogenicidade de diferentes isolados de *Fusarium* foi comprovada de acordo com os postulados de Koch. Plântulas saudáveis de feijão-caupi foram plantadas em copos de papel cheios de solo estéril, artificialmente infectados despejando 50 ml de suspensão conidial (1 x 10^7 cfu ml^{-1}) de cada isolado do agente patogénico associado à murchidão de Fusarium do feijão-caupi em cada copo. O ensaio teve três réplicas. O solo esterilizado regado com 50 ml de água esterilizada por copo foi utilizado como controlo. Foram registados os isolados capazes de produzir a murchidão e o número de dias necessários para o início dos sintomas. Com base no início da murchidão após a inoculação, foi feita a classificação da virulência dos isolados do agente patogénico e o isolado mais virulento do agente patogénico foi selecionado para estudos posteriores (Jasnic *et al.,* 2005).

3.5. AVALIAÇÃO *IN VITRO* DE FUNGICIDAS CONTRA AGENTES PATOGÉNICOS ASSOCIADOS À MURCHIDÃO DE FUSARIUM DO FEIJÃO-FRADE

Doze fungicidas selecionados (apêndice III), *nomeadamente* propiconazol (0,1 %), clortalonil (0,1 %), tiofanato-metilo (0,1 %), flusilazol (0,1 %), azoxistrobina (0,15 %), tebuconazol (0,1 %), captana + hexaconazol (0,1 %), carboxina + tirame (0,4 %), hidróxido de cobre (0.25 %), mancozebe (0,25 %), carbendazim (0,1 %) e oxicloreto de cobre (0,2 %) foram avaliados *in vitro* contra agentes patogénicos associados à murchidão de Fusarium do feijão-frade, através da técnica do alimento envenenado (Nene e Thapliyal, 1993).

A quantidade necessária de fungicida foi cuidadosamente misturada com 50 ml de água esterilizada num erlenmeyer de 250 ml. A suspensão de fungicida foi vertida noutro frasco cónico de 250 ml contendo 50 ml de PDA fundido de força dupla e bem misturada. O meio foi vertido em placas de Petri estéreis. Após a solidificação do meio, cada placa foi inoculada no centro com um disco de ágar de 4 mm do agente patogénico em estudo. As placas que continham meios não envenenados serviram de controlo. Foram mantidas três réplicas para cada tratamento. As placas foram incubadas à temperatura ambiente e o crescimento linear do agente patogénico foi registado. A percentagem de inibição do crescimento micelial do agente patogénico testado em relação ao controlo foi calculada utilizando a fórmula descrita por Vincent (1927).

$$I = \frac{C - T}{C} X\ 100$$

onde,

I = Percentagem de inibição

C = Crescimento do agente patogénico na placa de controlo (cm)

T = Crescimento do agente patogénico na placa de ensaio (cm)

3.6. AVALIAÇÃO *IN VIVO* DE FUNGICIDAS CONTRA AGENTES PATOGÉNICOS ASSOCIADOS À MURCHIDÃO DE FUSARIUM DO FEIJÃO-FRADE

Foi realizada uma experiência em vaso para determinar a eficácia de 12 fungicidas selecionados contra agentes patogénicos associados à murchidão de Fusarium do feijão-frade. Os pormenores das experiências são os seguintes: Desenho - CRD, Tratamentos - 13, Replicações - 5 e Variedade - Malika. Os pormenores dos tratamentos para as experiências foram os seguintes: T_1 - Propiconazole (0.1 %), T_2 - Chlorothalonil (0.1 %), T_3 - Thiophanate- methyl (0.1 %), T_4 - Flusilazole (0.1 %), T_5 - Azoxystrobin (0.15 %), T_6 - Tebuconazole (0.1 %), T_7 - Captan + Hexaconazol (500 g/ha), T_8 - Carboxina + tirame (4 g/kg de semente), T_9 - Hidróxido de cobre (0,25 %), T_{10} - Mancozebe (0,25 %), T_{11} - Carbendazime (0,1%), T_{12} - Oxicloreto de cobre (0,2 %), T_{13} - Controlo.

A mistura para vasos constituída por areia: solo: estrume de vaca @ 1:1:1 foi preparada e fumigada com uma solução de formaldeído a 5 %. A mistura de envasamento esterilizada foi colocada em vasos de barro de 12" x 12". As sementes de feijão-frade da variedade Malika foram semeadas nos vasos. As plantas foram mantidas de acordo com o Pacote de Recomendações Práticas: Culturas (KAU, 2011), através da aplicação atempada de fertilizantes e da adoção de medidas fitossanitárias com base nas necessidades. A inoculação artificial das plantas foi feita utilizando inóculos de agentes patogénicos multiplicados em massa. *O Fusarium* foi multiplicado em massa numa mistura de areia e milho, utilizando o método modificado de Lewis e Papavizas (1984). O milho foi misturado com areia na proporção de 1:9. A mistura foi humedecida com água suficiente para promover o crescimento do fungo. Esta mistura foi colocada em frascos cónicos de 1000 ml e esterilizada em autoclave a uma pressão de 1,05 kg/cm^2 durante duas horas. Após a esterilização, o disco fúngico de *Fusarium* spp. com crescimento ativo foi transferido assepticamente para os frascos e incubado à temperatura ambiente durante 15 dias para promover o crescimento fúngico. O inóculo do patógeno multiplicado em massa (23 x 10^7 cfu g^{-1}) foi aplicado na zona radicular da planta e completamente incorporado ao solo 15 dias após a emergência da semente. Três rodadas de aplicação de fungicida foram feitas aos 30, 45 e 60 dias após a emergência da semente, seja como encharcamento do solo ou como pulverização foliar. A incidência da doença em condições epifitóticas naturais (Singh, 2002) foi calculada conforme descrito abaixo:

$$\text{Disease incidence} = \frac{\text{??????? ??? ?????????? ?????}}{\text{??????? ??? ????????? ????????}} \times 100$$

3.7. GESTÃO INTEGRADA DA MURCHIDÃO DE FUSARIUM DO FEIJÃO-CAUPI HORTÍCOLA UTILIZANDO FUNGICIDAS, AGENTES BIOLÓGICOS E MÉTODOS ECOLÓGICOS

Com base nos resultados da experiência em vaso, foram selecionados três fungicidas eficazes com menor gravidade da doença, juntamente com agentes biológicos e métodos ecológicos, para avaliar em condições de campo e determinar a sua eficácia na gestão da murchidão de Fusarium do feijão-frade. Os pormenores da experiência são os seguintes: Desenho - RBD, Tratamentos - 9, Replicações - 3, Variedade - Malika, Localização - Fazenda de Instrução, Faculdade de Agricultura, Vellayani, Tamanho da parcela - 6,75 m^2 e Nº de plantas observacionais/parcela - 4.

Os tratamentos da experiência foram os seguintes T_1 - Solarização do solo + mistura de esterco orgânico de torta de nim enriquecida com *Trichoderma* + flusilazole (0,1 %), T_2 - Solarização do solo + mistura de esterco orgânico de torta de nim enriquecida com *Trichoderma* + tebuconazole (0,1%), T_3 - Solarização do solo + mistura de esterco orgânico de torta de nim enriquecida com Trichoderma + carbendazim (0.1%), T_4 - Solarização do solo + mistura de estrume orgânico de bolo de nim enriquecido com *Trichoderma*, T_5 - Flusilazole (0,1%), T_6 -Tebuconazole (0,1%), T_7 - Carbendazim (0,1%), T_8 - Oxicloreto de cobre (0,2%) (verificação química), T_9 - Controlo. O tratamento de sementes foi feito uniformemente para todos os tratamentos com carbendazim (@ 2 g/kg de semente).

A solarização do solo foi realizada em quatro tratamentos dispostos num desenho de blocos aleatórios com três repetições, durante um período de seis semanas, de meados de agosto até ao final de setembro de 2013. O local experimental foi incorporado com a quantidade necessária de adubo orgânico no solo, irrigado, arado e nivelado antes de impor o tratamento de solarização. Posteriormente, as parcelas foram cobertas com folhas de polietileno transparente de 120 gauge de espessura. As bordas da folha foram seladas com terra para a manter em posição e também para manter a temperatura e a humidade no interior da cobertura de polietileno. Tomou-se o cuidado de manter a folha em contacto estreito com a superfície do solo para evitar a formação de bolsas de ar entre o solo e a folha de polietileno. A temperatura do solo durante a solarização foi registada às 1400 h a uma profundidade de 10 cm, utilizando um termómetro de solo. Após o período de solarização, o lençol foi removido e a sementeira foi efectuada (Katan, 1981).

O bolo de nim seco e o esterco de vaca foram pulverizados e misturados na proporção de 1: 9 para obter uma textura grosseira e foram humedecidos por aspersão de água. A preparação comercial de *Trichoderma* spp. foi adicionada a 1 kg/100 kg de mistura de bagaço de nim e estrume de vaca. Após mistura completa, foi coberto com uma folha de polietileno perfurada e mantido à sombra durante 10 dias para multiplicação. Mais uma vez foi bem misturado e mantido durante mais cinco dias para nova multiplicação. Posteriormente, o preparado foi aplicado na zona radicular da planta a 1 kg/cova e completamente incorporado no solo (KAU, 2011).

Todas as normas e recomendações do Pacote de Práticas (KAU, 2011) foram seguidas para o cultivo da cultura. A aplicação de cal foi feita para todos os tratamentos no momento da preparação do campo. A aplicação de fungicida foi feita três vezes aos 30, 45 e 60 dias após a emergência da semente, quer como irrigação do solo ou como pulverização foliar. As observações biométricas, tais como o comprimento dos rebentos, o comprimento das raízes, o peso fresco e seco dos rebentos e das raízes, o número de vagens, a produção de vagens e o número de nódulos radiculares foram registados na altura da colheita da cultura. A incidência de doenças foi calculada como descrito no ponto 3.6.

CAPÍTULO 4. RESULTADOS

4.1. ESTUDOS DE SINTOMATOLOGIA

As plantas afectadas apresentam amarelecimento, murchidão e queda das folhas, seguidas de desfolha. As videiras apresentam escurecimento e secagem. As plantas doentes tornaram-se raquíticas e fracas. A base do caule ficou inchada e assemelha-se a um pequeno tubérculo, que mais tarde se desintegrou, resultando em retalhamento. A raiz axial e as raízes laterais também foram afectadas. Quando o caule principal, os ramos primários e as raízes foram abertos, tornou-se visível o escurecimento interno dos tecidos condutores e o crescimento micelial branco do agente patogénico. Ocasionalmente, notou-se um achatamento anormal do caule ao longo da ponta de crescimento. As flores mostraram fasciação e esterilidade, resultando numa severa redução da produção (Placa 1).

4.2. ISOLAMENTO DE AGENTES PATOGÉNICOS

O agente patogénico que causa a murchidão de Fusarium no feijão-frade foi isolado de raízes e caules infectados que apresentavam sintomas típicos e purificado pela técnica de isolamento de esporos simples. Obteve-se um total de 12 isolados de *Fusarium* spp. a partir de plantas infectadas colhidas nas principais zonas de cultivo de feijão-frade de Thiruvananthapuram, tendo sido designados como F1 a F12. Os isolados foram subcultivados periodicamente em placas de PDA e armazenados no frigorífico a 4°C. A lista de isolados *de Fusarium* obtidos e as respectivas localizações são apresentadas no quadro 1.

4.3. CARACTERIZAÇÃO DE AGENTES PATOGÉNICOS

4.3.1. Caracterização morfológica e cultural de *Fusarium* spp.

Os 12 isolados obtidos foram cultivados em PDA para a sua caraterização morfológica e cultural com base em chaves padrão (Booth, 1971).

Os isolados F1, F2, F3, F4, F6, F8 e F9 tiveram uma taxa de crescimento média de 0,90 - 1,42 cm/dia. As colónias eram de textura comprimida a flocosa, brancas na superfície superior e castanho-avermelhadas ou ligeiramente rosadas na parte inferior da placa de Petri. Os conidióforos consistiam em fiálides simples, surgindo lateralmente nas hifas ou em conidióforos curtos e ramificados. Fialídeos simples, subcilíndricos a ligeiramente obclavados, surgiram de conidióforos primários ou secundários. Os macroconídios eram 3 -5 septados, 4,6 - 7,4 x 1,4 - 2,7 µm de tamanho, com paredes finas, fusóides, extremidades pontiagudas, ocasionalmente falcados com célula terminal, célula basal em gancho e pedicelada. Os microconídios eram abundantes, ovais a elipsoidais, cilíndricos, rectos ou curvos. Os clamidósporos, quando presentes, estavam em posição terminal.

Os isolados F7, F11 e F12 tiveram uma taxa de crescimento média de 0,86 - 1,05 cm/dia. As colónias apresentavam uma textura flocosa, branca opaca na superfície superior e amarelada a castanha escura na parte inferior da placa de Petri. Os conidióforos consistiam em fiálides laterais únicas no micélio aéreo. As fiálides eram curtas, compactas e obclavadas. Os macroconídios eram, na sua maioria, 3-5 septados, com 14,8 - 17,2 x 2,2 - 3 µm de tamanho, paredes espessas, tipicamente falcados, afilados em ambas as extremidades, dobrados na parte central com célula apical alongada e célula basal pedicelada. Os microconídios eram de forma oval a elipsoidal. Os clamidósporos, quando presentes, eram intercalares, solitários ou em cadeia.

Os isolados F5 e F10 tiveram uma taxa de crescimento rápida de 1,3 e 1,04 cm/dia, respetivamente. As colónias eram esparsas, com uma superfície superior branca cremosa e branca suja na parte inferior da placa de Petri. Os conidióforos primários surgiram lateralmente a partir de hifas no micélio aéreo, que não era ramificado ou era esparsamente ramificado. Monofialídeos curtos, subcilíndricos e obclavados produziram macroconídios delgados e microconídios longos. Os macroconídios eram 3 - 5 septados, com paredes espessas, subcilíndricos, ligeiramente curvos, curtos e curvados apicalmente, célula basal indistintamente pedicelada e mediam 7,9 - 10,2 x 1,8 - 2,6 µm de tamanho. Os microconídios eram ovóides e rectos ou raramente elipsoidais a curvos. Os clamidósporos eram abundantes, terminais ou intercalares em posição, formados em pares ou cadeias.

4.3.2. Caracterização molecular dos isolados do agente patogénico por sequenciação parcial da região ITS (Internal Transcribed Spacer) do rDNA

- Sequenciação de ITS-rDNA de isolados de Fusarium spp.

A amplificação da região ITS- rDNA dos 12 isolados diferentes de *Fusarium* spp. utilizando os iniciadores universais ITS 1 e ITS 4 produziu um produto de PCR com 500-530 pb de comprimento. As sequências dos isolados de *Fusarium* spp. foram depositadas no GenBank e utilizadas para procurar sequências semelhantes na base de dados NCBI, utilizando o programa BLAST. Observou-se uma identidade de 99 - 100 % entre os isolados de *Fusarium* obtidos neste estudo e outras sequências de *Fusarium* spp. disponíveis na base de dados NCBI. Uma comparação entre as sequências disponíveis no GenBank e os isolados representativos utilizados no estudo indicou que a semelhança das sequências não estava relacionada com a origem geográfica dos isolados. O perfil de amplificação por PCR da região ITS do ADN ribossómico dos isolados *de Fusarium* é apresentado na placa 2.

Uma árvore filogenética construída a partir de sequências da região ITS- rDNA utilizando o método de associação de vizinhos (NJ) ilustrou que *F. oxysporum*, *F. solani* e *F. equiseti* formaram claramente quatro grupos distintos e este resultado foi apoiado por um elevado valor de bootstrap. A árvore foi enraizada com *Aspergillus oryzae* (EU680476.1) como estirpe de grupo externo. O agrupamento I pertencia a isolados *de F. oxysporum, nomeadamente* F2, F3, F4, F6, F8 e F9 e a quatro isolados de referência de *F. oxysporum* do GenBank: JN400710.1, HM756257.1, AY667489.1 e JQ954892.1, com 99 % de apoio bootstrap. Todos os isolados *de F. equiseti, nomeadamente* F7, F11 e F12, formaram em conjunto o grupo II, juntamente com o isolado de referência JQ690081.1, com um elevado apoio de bootstrap (100%). O agrupamento III incluiu o isolado *F. oxysporum* (F1) juntamente com os isolados de referência do GenBank; KF534747.1 (*F. oxysporum),* KC859450.1 (*F. udum)* e JX177431.1 (*F. acuminatum)* com 93 % de apoio bootstrap. O agrupamento IV incluiu os isolados F5 e F10 juntamente com dois isolados de referência de *F. solani*; JQ625562.1 e JX517202.1 com um elevado apoio de bootstrap (100 %) (Figura 1).

Com base nos caracteres morfológicos e culturais, os isolados do agente patogénico associado à murchidão de Fusarium do feijão-frade foram provisoriamente identificados como *F. oxysporum* Schlecht, *F. equiseti* (Corda) Sacc. e *F. solani* (Mart.) Sacc. Entre os 12 isolados, *F. oxysporum* foi a espécie predominante e amplamente distribuída em Trivandrum, uma vez que se verificou estar presente em sete locais examinados. Pelo contrário, *F. equiseti* e *F. solani* foram registadas como espécies menos frequentes, com três e dois isolados cada. A identidade das espécies foi ainda confirmada através de análises da sequência ITS- rDNA. As sequências foram depositadas no GenBank e os números de acesso obtidos são apresentados no quadro 2.

4.4. TESTES DE PATOGENICIDADE

A patogenicidade e a virulência comparativa de 12 isolados diferentes de *Fusarium* na causa da murchidão foram avaliadas através da plantação de plântulas saudáveis de feijão-frade em solo artificialmente inoculado. Dos 12 isolados testados, oito induziram a murchidão com descoloração vascular e amarelecimento foliar (placa 3), enquanto os isolados F7, F8, F10 e F11 foram considerados não patogénicos e não produziram quaisquer sintomas. O isolado F2 de Palapoor levou apenas sete dias para desenvolver sintomas e foi considerado altamente patogénico, seguido pelos isolados F3 e F5, enquanto o isolado F9 levou o máximo de tempo para desenvolver a doença. Os resultados da patogenicidade e da virulência comparativa dos isolados *de Fusarium* são apresentados no quadro 3. Com base na classificação da virulência, o isolado F2, identificado como *F. oxysporum*, foi selecionado como o agente patogénico a testar para estudos posteriores.

4.5. AVALIAÇÃO *IN VITRO* DE FUNGICIDAS CONTRA AGENTES PATOGÉNICOS ASSOCIADOS À MURCHIDÃO DE FUSARIUM DO FEIJÃO-FRADE

A avaliação *in vitro* de 12 fungicidas contra o isolado mais virulento associado à murchidão de Fusarium e à antracnose do feijão-frade foi efectuada através da técnica do alimento envenenado. Os resultados (quadro 4) revelaram que todos os fungicidas testados *in vitro* contra *F. oxysporum* inibiram significativamente o crescimento micelial do agente patogénico testado nas concentrações recomendadas em relação à testemunha não tratada. Dos 12 fungicidas, o tebuconazol (0,1 %), a carboxina + tirame (0,4 %), o mancozebe (0,25 %) e o carbendazime (0,1 %) inibiram a 100 % o crescimento micelial do agente patogénico testado e diferiram significativamente de todos os outros tratamentos. Seguiu-se o captan + hexaconazol (0,1 %), que registou um diâmetro médio mínimo de colónia de 0,60 cm e 95,48 % de inibição do crescimento micelial do patogéneo, que foi igual ao propiconazol (0,1 %) e ao tiofanato-metilo (0,1 %). O diâmetro médio máximo das colónias (5,27 cm) e a menor percentagem de inibição (41,50 %) do crescimento micelial do patogénio foram registados pelo fungicida azoxistrobina (0,15 %) (placa 4).

4.6. AVALIAÇÃO *IN VIVO* DE FUNGICIDAS CONTRA AGENTES PATOGÉNICOS ASSOCIADOS À MURCHA DE FUSARIUM DO FEIJÃO-FRADE

Foi realizada uma experiência em vaso em CRD com cinco repetições para avaliar a eficácia de 12 fungicidas selecionados contra a murchidão de Fusarium do feijão-frade. Os resultados revelaram que todos os tratamentos causaram uma redução significativa da incidência da murchidão em relação ao controlo não tratado. No entanto, a aplicação no solo de flusilazol (0,1%), tebuconazol (0,1%) ou carbendazim (0,1%) foi altamente eficaz na supressão total da incidência da murchidão e diferiu significativamente dos outros tratamentos. Entre os fungicidas testados, o tratamento com captan + hexaconazole (0,1%) e carboxin + thiram (0,4%) registou uma incidência mais elevada de 66,70% e foram iguais entre si. As plantas de controlo inoculadas com o agente patogénico apresentaram inchaço basal e amarelecimento das folhas, 45 dias após a emergência da semente, seguido de desfoliação e morte completa das plantas, registando 100% de incidência de murchidão e diferindo significativamente de todos os outros tratamentos (Quadro 5).

4.7. GESTÃO INTEGRADA DA MURCHIDÃO DE FUSARIUM DO FEIJÃO-CAUPI HORTÍCOLA UTILIZANDO FUNGICIDAS, AGENTES BIOLÓGICOS E MÉTODOS ECOLÓGICOS

Com base nos resultados das experiências em vaso, três fungicidas eficazes*, a saber,* flusilazole (0,1%), tebuconazole (0,1%) e carbendazim (0,1%), que mostraram a menor incidência de murcha, juntamente com o tratamento de sementes (carbendazim @ 2g/kg de semente), solarização do solo (Placa 5) e mistura de estrume orgânico de bolo de nim enriquecido com *Trichoderma*, foram avaliados no campo para determinar a sua eficácia na gestão da murcha de Fusarium e antracnose do feijão-frade. Foram registadas observações sobre a incidência de doenças e parâmetros de crescimento como a altura das plantas, o comprimento das raízes, o peso fresco e seco dos rebentos e das raízes, o número de vagens, a produção de vagens e o número de nódulos radiculares.

Todos os tratamentos foram eficazes na supressão da murcha de Fusarium do feijão-frade na avaliação de campo. No entanto, o tratamento com solarização do solo, mistura de estrume orgânico de bagaço de nim enriquecido com *Trichoderma* e a aplicação no solo de tebuconazole (0,1 %) ou carbendazim (0,1 %) foi altamente eficaz para a gestão da murchidão de Fusarium com supressão total da incidência da murchidão. Seguiu-se a aplicação no solo de tebuconazol (0,1 %), carbendazim (0,1 %) ou oxicloreto de cobre (0,2 %), que registou uma incidência de murchidão de 16,67 %, enquanto que o tratamento com flusilazol (0,1 %) registou uma incidência superior de 33,33 %. As plantas de controlo não tratadas apresentaram sintomas como inchaço basal e amarelecimento foliar, seguidos de morte completa das plantas e registaram a maior incidência da doença (41,67 %) (quadro 6).

Plantas significativamente mais altas (593,33 cm) foram produzidas em plantas tratadas com solarização do solo, mistura de esterco orgânico de torta de nim enriquecida com *Trichoderma* e tebuconazole (0,1 %) seguido pelo tratamento com solarização do solo, mistura de esterco orgânico de torta de nim enriquecida com *Trichoderma* e carbendazim (0,1 %) (592,00 cm) e foram iguais entre si. A altura da planta foi mínima (455,00 cm) para plantas de controlo não tratadas.

As plantas tratadas com solarização do solo, mistura de estrume orgânico de bagaço de nim enriquecido *com Trichoderma* e tebuconazole (0,1 %) registaram o comprimento máximo de raiz (55,33 cm) seguido do tratamento com solarização do solo, mistura de estrume orgânico de bagaço de nim enriquecido com *Trichoderma*

e carbendazim (0,1 %) (52,00 cm) ou tratamento com solarização do solo e mistura de adubo orgânico de torta de nim enriquecida com *Trichoderma* (43,67 cm) e foram iguais entre si. O comprimento mínimo da raiz (17,00 cm) foi observado entre as plantas de controlo não tratadas, que foi igual ao tratamento com carbendazim (0,1 %) (29,00 cm) ou oxicloreto de cobre (0,2 %) (32,00 cm).

O peso fresco máximo (434,33 g) foi observado entre as plantas tratadas com solarização do solo, mistura de esterco orgânico de torta de nim enriquecida com *Trichoderma* e tebuconazole (0,1 %), que foi igual ao tratamento com solarização do solo, mistura de esterco orgânico de torta de nim enriquecida *com Trichoderma* e carbendazim (0,1 %) (425,33 g) ou tebuconazole (0,1 %) sozinho (365,00 g). O peso fresco mínimo (227,00 g) foi observado entre as plantas de controlo não tratadas.

O maior peso seco de rebentos (117,00 g) foi registado com as plantas tratadas com solarização do solo, mistura de estrume orgânico de bolo de neem enriquecido com *Trichoderma* e carbendazim (0.1 %) seguido por tratamento com solarização do solo, mistura de esterco orgânico de torta de nim enriquecida com *Trichoderma* e tebuconazole (0,1 %) (112,33 g) ou solarização do solo, mistura de esterco orgânico de torta de nim enriquecida com *Trichoderma* e flusilazole (0,1 %) (91,00 g) e foram iguais entre si. O peso seco mais baixo do rebento (41,67 g) foi observado entre as plantas de controlo não tratadas, que foi igual ao tratamento com flusilazole (0,1 %) (65,00 g), carbendazim (0,1 %) (62,33 g) ou oxicloreto de cobre (0,2 %) (56,67g).

O peso fresco máximo da raiz (57,67 g) foi observado entre as plantas tratadas com solarização do solo, mistura de adubo orgânico de torta de nim enriquecida com *Trichoderma* e tebuconazole (0,1 %) ou carbendazim (0,1 %), que foi igual ao tratamento com solarização do solo, mistura de adubo orgânico de torta de nim enriquecida com *Trichoderma* e flusilazole (0,1 %) (46,33 g). As plantas de controlo não tratadas registaram o peso mínimo de raiz fresca (19,67 g) que foi igual ao tratamento com carbendazim (0,1 %) (39,00 g), oxicloreto de cobre (0,2 %) (29,67 g), ou flusilazole (0,1 %) (27,00 g).

A análise estatística do peso seco da raiz indicou que as plantas tratadas com solarização do solo, mistura de estrume orgânico de torta de neem enriquecida *com Trichoderma* e tebuconazole (0,1 %) registaram o peso seco máximo da raiz (9,75 g), seguido pelo tratamento com solarização do solo, mistura de estrume orgânico de torta de neem enriquecida *com Trichoderma* e carbendazim (0,1 %) (9,30 g) ou tratamento com solarização do solo e mistura de estrume orgânico de torta de neem enriquecida com Trichoderma (7,81 g) e foram iguais entre si. O peso seco da raiz foi mínimo (4,33 g) para plantas de controlo não tratadas.

As plantas tratadas com solarização do solo, mistura de estrume orgânico de bagaço de nim enriquecido com *Trichoderma* e carbendazim (0,1 %) registaram o maior número de vagens (56,00), o que foi igual ao tratamento com solarização do solo, mistura de estrume orgânico de bagaço de nim enriquecido com *Trichoderma* e tebuconazol (0,1 %) (55,00), enquanto que as plantas de controlo não tratadas registaram o menor número (32,33) de vagens e diferiram significativamente de todos os outros tratamentos.

As plantas tratadas com solarização do solo, mistura de estrume orgânico de bagaço de nim enriquecido *com Trichoderma* e carbendazim (0,1 %) registaram o rendimento máximo (1,14 kg/planta), que foi igual ao tratamento com solarização do solo, mistura de estrume orgânico de bagaço de nim enriquecido *com Trichoderma* e tebuconazol (0,1 %) (1,13 kg/planta), seguido do tratamento com solarização do solo, mistura de estrume orgânico de bagaço de nim enriquecido com *Trichoderma* e flusilazol (0,1 %) (1,10 kg/planta).1 %) (1,13 kg/planta), seguido pelo tratamento com solarização do solo, mistura de esterco orgânico de torta de nim enriquecida com *Trichoderma* e flusilazole (0,1 %) (1,10 kg/planta). As plantas de controlo não tratadas registaram o rendimento mínimo (0,80 kg/planta) e diferiram significativamente de todos os outros tratamentos.

Com relação ao número de nódulos radiculares, as plantas tratadas com solarização do solo, mistura de esterco orgânico de torta de nim enriquecida com *Trichoderma* e tebuconazol (0,1 %) registaram o número máximo de nódulos radiculares (58,00), que foi igual ao tratamento com solarização do solo, mistura de esterco orgânico de torta de nim enriquecida com *Trichoderma* e carbendazim (0,1 %) (53,00) ou tebuconazol (0,1 %) sozinho (47,00). O número de nódulos radiculares foi mínimo

(28,67) para plantas de controlo não tratadas.

Tabela 1. Isolados *de Fusarium* obtidos e respectivas localizações

Sl. Não.	Isolar	Localização
1	F1	Vellayani
2	F2	Palapoor
3	F3	Pappanchani
4	F4	Pappanchani
5	F5	Venniyoor
6	F6	Balaramapuram
7	F7	Muttacaud
8	F8	Thazhava
9	F9	Pothencode
10	F10	Kattakada
11	F11	Kazhakkuttom
12	F12	Kalliyoor

Tabela 2. Isolados *de Fusarium* e sua identidade, conforme revelado pela caraterização molecular utilizando a análise da sequência ITS- rDNA

Isolar	Identificação das espécies	N.º de acesso ao GenBank.	Organismo correspondente no NCBI GenBank com número de acesso	Identidade (%)
F1	*F. oxysporum*	KJ569269	*F. oxysporum* KF534747.1	99
F2	*F. oxysporum*	KF963540	*F. oxysporum* JN400710.1	100
F3	*F. oxysporum*	KJ569270	*F. oxysporum* JN400710.1	100
F4	*F.oxysporum*	KJ569271	*F. oxysporum* JN400697.1	100
F5	*F. solani*	KJ569272	*F. solani* JQ625562.1	100
F6	*F. oxysporum*	KJ569273	*F. oxysporum* JN400697.1	100
F7	*F. equiseti*	KJ569374	*F. equiseti* HQ332532.1	100
F8	*F. oxysporum*	KJ569275	*F. oxysporum* JN400697.1	100
F9	*F. oxysporum*	KJ569276	*F. oxysporum* JN400697.1	100

F10	*F. solani*	KJ569277	*F. solani* JQ625562.1	100
F11	*F. equiseti*	KJ569278	*F. equiseti* HQ332532.1	100
F12	*F. equiseti*	KJ569279	*F. equiseti* HQ332532.1	100

Quadro 3. Patogenicidade e virulência comparativa de isolados *de Fusarium* em feijão-frade

Isolar	Patogenicidade	Tempo necessário para o desenvolvimento dos sintomas (dias)	Índice de virulência
F1	Tipo de murcha	9	++
F2	Tipo de murcha	7	+++
F3	Tipo de murcha	8	++
F4	Tipo de murcha	9	++
F5	Tipo de murcha	8	++
F6	Tipo de murcha	9	++
F7	Não patogénico	-	-
F8	Não patogénico	-	-
F9	Tipo de murcha	10	++
F10	Não patogénico	-	-
F11	Não patogénico	-	-
F12	Tipo de murcha	9	++

\+ patogénico ++ virulento +++ altamente virulento - não patogénico

Quadro 4. Eficácia dos fungicidas na supressão *in vitro* de *F. oxysporum*

Sl. Não.	Fungicida	Dose (%)	Diâmetro da colónia* (cm)	Percentagem de inibição do crescimento**
1	Propiconazol	0.1	0.67^{b}	92,58^{bc} (74,16)
2	Clorotalonil	0.1	1.83^{c}	79,64^{d} (63,15)
3	Tiofanato-metilo	0.1	0,63^{b}	92,94^{bc} (74,56)
4	Flusilazol	0.1	0.83^{b}	90,74^{c} (72,25)
5	Azoxistrobina	0.15	5.27^{f}	41,50^{f} (40,09)
6	Tebuconazol	0.1	0.00^{a}	100.00^{a} (90.00)
7	Captan+Hexaconazol	0.1	0,60^{b}	95,48^{b} (77,69)
8	Carboxina+Tiram	0,4	0.00^{a}	100.00^{a} (90.00)

9	Hidróxido de cobre	0.25	2.95^{d}	$67,27^{e}$ (55,08)
10	Mancozebe	0.25	0.00^{a}	100.00^{a} (90.00)
11	Carbendazim	0.1	0.00^{a}	100.00^{a} (90.00)
12	Oxicloreto de cobre	0.2	4.83^{e}	$45,97^{f}$ (42,67)
13	Controlo	-	9.00^{g}	0.00^{g} (0.00)
	SE	-	0.10	1.76
	CD (0,05)	-	0.296	5.118

*Média de três repetições

** Os valores entre parêntesis são transformados em arco-seno

As médias dos tratamentos com alfabetos semelhantes em sobrescrito não diferem significativamente

Quadro 5. Efeito dos fungicidas na incidência e no índice da murchidão de Fusarium do feijão-frade em condições *in vivo*

Tratamentos	Incidência da doença (%)*
T_1	$33,30^{b}$ (35,23)
T_2	$33,30^{b}$ (35,23)
T_3	$33,30^{b}$ (35,23)
T_4	0.00^{a} (0.00)
T_5	$33,30^{b}$ (35,23)
T_6	0.00^{a} (0.00)
T_7	$66,70^{c}$ (54,73)
T_8	$66,70^{c}$ (54,73)
T_9	$33,30^{b}$ (35,23)
T_{10}	$33,30^{b}$ (35,23)
T_{11}	0.00^{a} (0.00)
T_{12}	$33,30^{b}$ (35,23)
T_{13}	100.00^{d} (90.00)
SE	0.01
CD (0,05)	0.029

*Os valores entre parêntesis são transformados em arco-seno

As médias dos tratamentos com alfabetos semelhantes em sobrescrito não diferem significativamente

T_1 -Propiconazol (0,1%) T_2 -Clorotalonil (0,1%) T_3 -Tiofanato-metilo (0,1%) T_4 - Flusilazol (0,1%) T_5 -

Azoxistrobina (0,15%) T_6 -Tebuconazol (0.1%) T_7 -Captan + Hexaconazol (500 g/ha) T_8 - Carboxina + tirame (4 g/kg de semente) T_9 - Hidróxido de cobre (0,25%) T_{10} - Mancozebe (0,25%) T_{11} - Carbendazime (0,1%) T_{12} - Oxicloreto de cobre (0,2%) T_{13} - Controlo

Tabela 6. Efeito da solarização do solo, da mistura de adubo orgânico de torta de nim enriquecida com *Trichoderma* e de produtos químicos na incidência e no índice da murcha de Fusarium do feijão-caupi em condições de campo

Tratamentos	Incidência da doença (%)*
T_1	16,67^a (14,99)
T_2	0.00^a (0.00)
T_3	0.00^a (0.00)
T_4	25.00^a (19.99)
T_5	33.33^a (30.00)
T_6	16,67^a (14,99)
T_7	16,67^a (14,99)
T_8	16,67^a (14,99)
T_9	41,67^a (39,98)
SE	14.54
CD (0,05)	NS

*Os valores entre parêntesis são transformados em arco-seno

As médias dos tratamentos com alfabetos semelhantes em sobrescrito não diferem significativamente

T_1 - Solarização do solo + mistura de estrume orgânico de bagaço de nim enriquecido com *Trichoderma* + flusilazole (0,1%) T_2 - Solarização do solo + mistura de estrume orgânico de bagaço de nim enriquecido com *Trichoderma* + tebuconazole (0,1%) T_3 - Solarização do solo + mistura de estrume orgânico de bagaço de nim enriquecido com Trichoderma + carbendazim (0.1%) T_4 - *Solarização do solo + mistura de estrume orgânico de bagaço de nim enriquecido com Trichoderma* T_5 - Flusilazol (0,1%) T_6 - Tebuconazol (0,1%) T_7 - Carbendazim (0,1%) T_8 - Oxicloreto do cobre (0,2%) (verificação química) T_9 - Controlo

a. Foliar yellowing

b. Defoliation

c. Drying up of vines

d. Basal stem swelling

e. Shredding

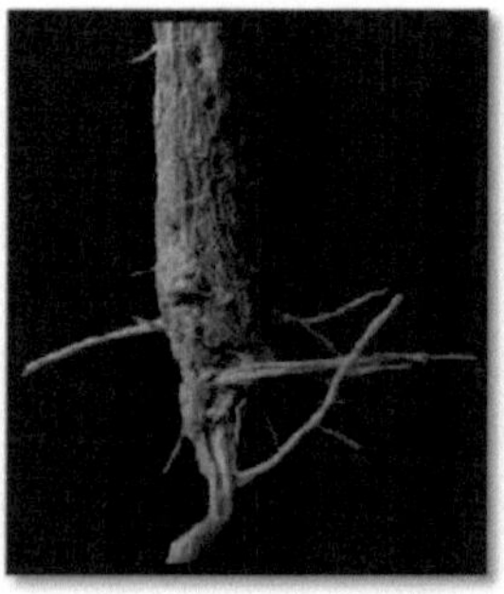

f. Damage of tap roots and lateral roots

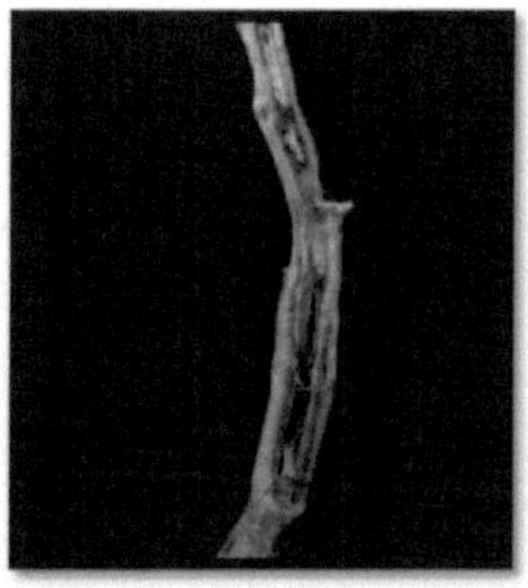

g. Damage of conducting tissues

Placa 1: Sintomas da murcha de Fusarium do feijão-frade

Placa 2. Perfil de amplificação por PCR da região ITS- rDNA dos isolados *de Fusarium*

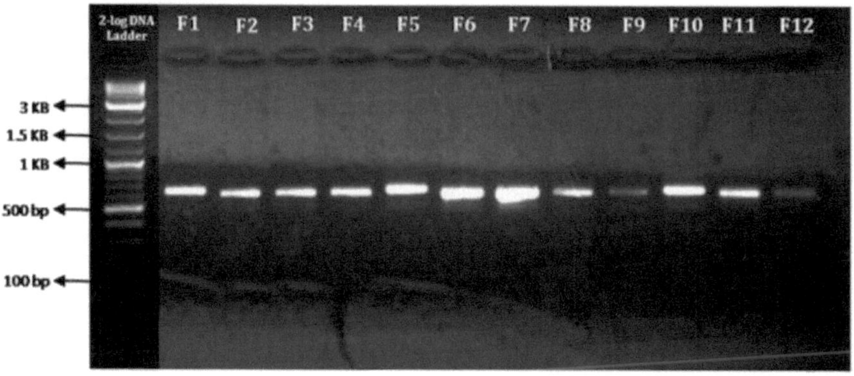

a. Healthy

b. Inoculated

Placa 3. Teste de patogenicidade para a murcha de Fusarium do feijão-frade

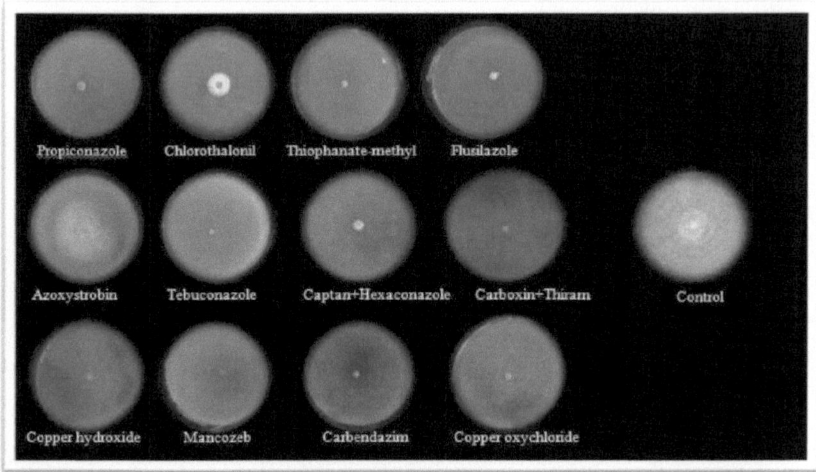

Placa 4. Efeito dos fungicidas na supressão *in vitro* de *F. oxysporum*

Placa 5. Vista geral da parcela experimental

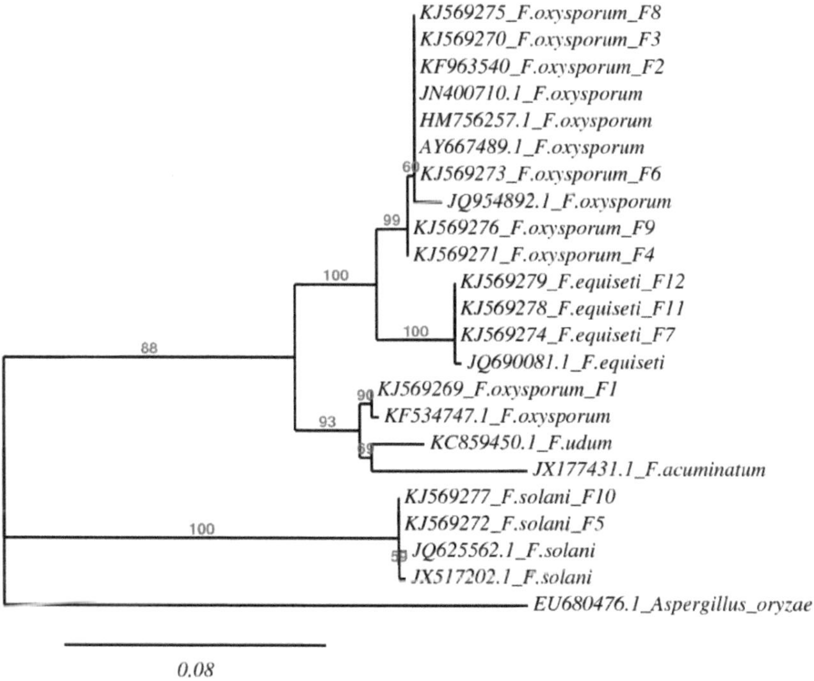

Figura 1. Árvore filogenética gerada a partir de sequências de ITS- rDNA de *Fusarium* spp. por análise de Neighbour Joining (NJ) (Barra de escala = 0,08 substituições por local)

CAPÍTULO 5. DEBATE

A cultura do feijão-frade, uma importante cultura hortícola cultivada em Kerala para satisfazer as necessidades alimentares em proteínas, sofre um sério revés devido à sua suscetibilidade a um grande número de pragas e agentes patogénicos, entre os quais as doenças causadas por fungos desempenham um papel importante. Entre as várias doenças fúngicas, a murchidão de Fusarium está atualmente amplamente distribuída em todas as regiões de cultivo de feijão-frade do Estado, levando a perdas significativas de rendimento. Tendo em conta a diversidade e a natureza flexível dos agentes patogénicos, as estratégias de gestão que dependem apenas de um único método de controlo podem não ser adequadas para a supressão eficaz das doenças. Neste contexto, o presente estudo foi realizado para investigar a eficácia de fungicidas de nova geração para a gestão da fusariose do feijão-caupi e para desenvolver uma estratégia de gestão integrada utilizando fungicidas eficazes compatíveis com tácticas ecológicas.

Os sintomas caraterísticos da murchidão de Fusarium do feijão-frade são o amarelecimento, a murcha e a queda das folhas, seguidos de desfolha e secagem das videiras. A base do caule ficou inchada e assemelha-se a um pequeno tubérculo que, mais tarde, se desintegrou, resultando em retalhamento. A raiz axial e as raízes laterais também foram afectadas. Ocasionalmente, observou-se também um achatamento anormal do caule ao longo da ponta de crescimento, fasciação e esterilidade das flores. Os sintomas observados eram semelhantes aos descritos por Senthil (2003). Gokulapalan *et al.* (2006) confirmaram a associação de *F. pallidoroseum* à fasciação do feijão-caupi hortícola em Kerala.

No presente estudo, os isolados de *Fusarium* obtidos nas principais áreas de cultivo de feijão-frade do distrito de Thiruvananthapum mostraram muita variabilidade nos seus atributos culturais, morfológicos e patogénicos. As colónias dos isolados F1, F2, F3, F4, F6, F8 e F9 de *Fusarium* spp. apresentavam uma textura apressada a flocosa, branca na superfície superior e castanha-avermelhada ou rosa ténue na parte inferior do pétalo. Os fialídeos eram subcilíndricos a ligeiramente obclavados. Os macroconídios eram 3 - 5 septados, 4,6 - 7,4 x 1,4 -2,7 µm de tamanho, com paredes finas, fusóides, extremidades pontiagudas, ocasionalmente falcados com célula terminal em gancho e célula basal pedicelada. Os microconídios eram abundantes, ovais a elipsoidais, cilíndricos, rectos ou curvos. Os clamidósporos, quando presentes, estavam em posição terminal. Honnareddy e Dubey (2007) também referiram que os isolados de *F. oxysporum* f. sp. *ciceris* recolhidos apresentavam uma pigmentação variável do meio, desde o branco normal ao violeta, castanho, violeta avermelhado, violeta esverdeado, rosa amarelado e verde escuro. A forma e o tamanho dos macroconídios e microconídios estavam de acordo com os isolados de *F. oxysporum* f. sp. *udum* e *F. oxysporum* f. sp. *ricini* (Madhukeshwara, 2000 e Desai *et al.,* 2003).

As colónias dos isolados F7, F11 e F12 apresentavam uma textura flocosa, de cor branca opaca na superfície superior e amarelada a castanha escura na parte inferior do pétalo. Os fialídeos eram curtos, compactos e obclavados. Os macroconídios eram 3 - 5 septados, com 14,8 - 17,2 x 2,2 - 3 µm de tamanho, paredes espessas, tipicamente falcados, afilados em ambas as extremidades, dobrados na parte central com célula apical alongada e célula basal pedicelada. Os microconídios eram de forma oval a elipsoidal. Os clamidósporos, quando presentes, eram intercalares, solitários ou em cadeia. Motlagh (2010) descreveu *F. equiseti* associado a *Echinochloa* spp. como produzindo micélio abundante que era inicialmente branco, tornando-se castanho ao envelhecer com pigmentação concomitante de castanho pálido a castanho escuro. Os macroconídios eram longos e delgados, tinham uma curvatura dorsiventral com célula apical cónica e alongada ou semelhante a um chicote e célula basal em forma de pé.

As colónias de F5 e F10 apareceram esparsas com uma superfície superior branca cremosa e branca suja na parte inferior do pétalo. Monofialídeos curtos, subcilíndricos e obclavados produziram macroconídios delgados e microconídios longos. Os macroconídios eram 3 - 5 septados, com paredes espessas, subcilíndricos, ligeiramente curvos, curtos e curvados apicalmente, célula basal indistintamente pedicelada e mediam 7,9 - 10,2 x 1,8 - 2,6 µm de tamanho. Os microconídios eram ovóides e rectos ou raramente elipsoidais a curvos. Os clamidósporos eram abundantes, terminais ou intercalares em posição, formados em pares ou cadeias. Os resultados estavam de acordo com a descrição da variabilidade morfológica e cultural entre os isolados de *F.solani* por Chandran e Kumar (2012).

Assim, com base na caraterização morfológica e cultural, bem como na comparação com as chaves padrão descritas por Booth (1971), os isolados de *Fusarium* spp. foram tentativamente identificados como *F. oxysporum* Schlecht, *F.equiseti* (Corda) Sacc., *F.equiseti* (Corda) Sacc. e *F.solani* (Mart.) Sacc. A diversidade de espécies em relação a localizações geográficas no distrito foi cientificamente descrita pela primeira vez no que respeita à murcha de Fusarium. O estudo revelou a existência de variabilidade nos caracteres culturais e morfológicos, bem como na patogenicidade dos isolados de *Fusarium* spp. de feijão-frade de diferentes locais. Entre os 12 isolados, *F. oxysporum* foi a espécie predominante e amplamente distribuída, uma vez que se verificou que estava presente em sete locais examinados. *F. equiseti* e *F. solani* foram consideradas espécies menos frequentes e foram obtidas em três e dois locais, respetivamente.

Senthil (2003) também registou a associação de *F. oxysporum* e *F. solani* com a murchidão do feijão-frade em Kerala. Barhate *et al.* (2006) e Mandhare *et al.* (2007) também observaram variabilidade em caracteres morfológicos e culturais, bem como patogenicidade entre isolados de *F. udum* envolvidos na causa da murchidão do grão-de-bico. A infeção da raiz do feijão-frade devido a *F.*

equiseti tinha sido comunicada anteriormente por Ramachandran *et al.* (1982). O envolvimento de vários isolados de *Fusarium* com a murchidão do feijão-frade aponta para a complexidade da doença. Assim, estas observações predizem as hipóteses de desenvolvimento de estirpes mais graves e virulentas através de hibridação interespecífica, mutação, etc., que podem conduzir a epifitose grave.

A identidade da espécie do agente patogénico foi ainda confirmada através de análises da sequência ITS- rDNA. A região espaçadora transcrita interna do rDNA é a sequência alvo mais utilizada na deteção molecular de fungos e é também o marcador mais utilizado para inferir taxonomia de nível inferior em fungos (Bruns, 2001). As regiões ITS e 5.8S do rDNA são úteis para a identificação de espécies de *Fusarium* e são utilizadas em análises de relações filogenéticas ao nível das espécies e abaixo (O'Donnell e Cigelnik, 1997).

A amplificação da região ITS- rDNA dos 12 isolados diferentes de *Fusarium* spp. utilizando os iniciadores universais ITS 1 e ITS 4 produziu um amplicon de 500 - 530 pb de comprimento. Os resultados estavam de acordo com as conclusões de que a amplificação da região ITS- rDNA de *Fusarium* spp. pertencente às secções Elegans, Gibbosum e Martiella, que incluem *F. oxysporum, F. equiseti* e *F. solani*, respetivamente, era de aproximadamente 550 pb (Lee *et al.,* 2000). Foi observada uma identidade de 99 - 100% entre os isolados *de Fusarium* obtidos neste estudo e outras sequências de *Fusarium* spp. disponíveis na base de dados NCBI. A uniformidade do tamanho do fragmento ITS em vários grupos de fungos torna o sequenciamento de nucleotídeos dos fragmentos ITS necessário para revelar variações interespecíficas e intraespecíficas (Batista *et al.,* 2008).

De acordo com a árvore filogenética construída a partir da região ITS- rDNA, as sequências dos 12 isolados de *Fusarium* spp. foram divididas em quatro grupos. Os grupos I e III incluíram estirpes pertencentes à secção Elegans com 99 % e 93 % de apoio bootstrap, respetivamente. Todas as estirpes pertencentes à secção Gibbosum foram incluídas no agrupamento II com um elevado apoio de bootstrap (100 %). O grupo IV incluiu estirpes pertencentes à secção Martiella com um elevado apoio de bootstrap (100 %). A análise de sequências da região ITS para diferenciar *Fusarium* ao nível das espécies e determinar as relações filogenéticas também foi tentada anteriormente por outros trabalhadores (Lee *et al.,* 2000 e Shahnazi *et al.,* 2012).

Os estudos sobre a patogenicidade e a virulência comparativa dos isolados de *Fusarium* spp. foram efectuados de acordo com os postulados de Koch. *Fusarium* spp. mostrou uma grande variabilidade no que diz respeito aos seus atributos relacionados com a patogénese. Dos 12 isolados testados, oito induziram murchidão com descoloração vascular e amarelecimento foliar, enquanto os isolados F7, F8, F10 e F11 foram considerados não patogénicos e não produziram quaisquer sintomas. O isolado F2 *(F. oxysporum)* de Palapoor levou apenas sete dias para o desenvolvimento de sintomas e foi considerado altamente patogénico. Casas e Diaz (1985) também relataram que isolados de *F.*

oxysporum induziram amarelecimento foliar com ou sem descoloração vascular, juntamente com necrose do colo e da raiz numa cultivar de grão-de-bico 15 dias após a inoculação artificial. Da mesma forma, Jasnic *et al.*, (2005) analisaram que *F. oxysporum* exibiu uma quantidade significativa de patogenicidade para soja infetada artificialmente entre outras espécies *viz.*, *F. avenaceum*, *F. equiseti* e *F. poae.* isoladas de plantas de soja doentes. Pelo contrário, Senthil (2003) observou que alguns dos isolados *de F. oxysporum* não eram patogénicos para plântulas de feijão-frade inoculadas artificialmente, o que pode dever-se à natureza endofítica destes isolados. Rodrigues e Menezes (2006) também identificaram o envolvimento de *F. oxysporum* endofítico com sementes de feijão-caupi.

As observações acima mencionadas prevêem a possibilidade de desenvolvimento de estirpes patogénicas mais virulentas que poderiam abrir caminho a epifitose grave no futuro. Por esta razão, a deteção e a gestão atempadas da murcha de Fusarium do feijão-frade são necessárias para evitar grandes perdas de culturas devido a estas doenças. Entre as opções de gestão, a utilização de fungicidas de nova geração que sejam ecologicamente seguros e com perfis toxicológicos mais baixos parece melhor. Assim, foram selecionados fungicidas de nova geração, *nomeadamente* propiconazol (0,1 %), clorotalonil (0,2 %), tiofanato-metilo (0,1 %), flusilazol (0,1 %), azoxistrobina (0,15 %), tebuconazol (0,1 %), captana + hexaconazol (0,1 %), carboxina + tirame (0.4 %), hidróxido de cobre (0,25 %), mancozebe (0,25 %), carbendazime (0,1 %) e oxicloreto de cobre (0,2 %) foram avaliados *in vitro* e *in vivo,* a fim de determinar a sua eficácia contra *F. oxysporum.*

Os resultados da avaliação *in vitro* de fungicidas contra o *F. oxysporum* revelaram que o tebuconazol (0,1 %), a carboxina + tirame (0,4 %), o mancozebe (0,25 %) e o carbendazime (0,1 %) inibiram em 100 % o crescimento micelial do agente patogénico. A supressão total do crescimento micelial de *F. oxysporum* pelo carbendazim também foi observada anteriormente por outros trabalhadores (Sharma *et al.*, 2002; Tripathi *et al.* 2007 e Singh *et al.*, 2010). Araujo *et al.* (2008) observaram que carboxina + thiram @ 0,05 %, 0,1 %, 0,2 % e 0,3 % tiveram o melhor efeito na redução da população de *F. oxysporum* f. sp. *cúbense.* Kanwal *et al.* (2012) relataram que o tebuconazol (@ 0,007 %, 0,014 % e 0,033 %) interrompeu completamente o crescimento micelial de *F. oxysporum* f sp. *lycopersici* em todas as concentrações testadas. Entre os fungicidas, a menor inibição percentual (41,50%) do crescimento micelial do patógeno foi registrada pela azoxistrobina (0,15%). Pelo contrário, Araujo *et al.* (2008) relataram que a azoxistrobina (@ 0,01, 0,1, 1, 2, 3 e 4 ppm) foi altamente eficaz na redução da população de *F. oxysporum* f. sp. *cubense.*

Foram também realizadas experiências de cultura em vaso para chegar a uma conclusão mais específica sobre a eficácia relativa dos fungicidas de nova geração selecionados contra a murchidão de Fusarium do feijão-frade. A avaliação *in vivo* dos fungicidas de nova geração contra a murchidão de Fusarium do feijão-frade indicou que a aplicação no solo de flusilazol (0,1 %), tebuconazol (0,1 %) ou carbendazim (0,1 %) a 30, 45 e 60 dias após a emergência das sementes foi altamente eficaz na supressão total da incidência da murchidão. As descobertas estavam de acordo com Madhavi e Bhattiprolu (2011), que relataram que o encharcamento do solo com carbendazim (0,1 %) e tebuconazol (0,3 %) registrou 100% de inibição de *F. solani* a 10 e 15 cm de profundidade de inóculo. Senthil (2003) também observou que o carbendazim foi superior na supressão *in vivo* da murcha de Fusarium do feijão-caupi. A aplicação de fungicidas químicos também ajudou a melhorar o crescimento das plantas. Os parâmetros biométricos foram aumentados em graus variáveis pela aplicação de fungicidas, o que estava de acordo com resultados anteriores (Senthil, 2003 e Singh *et al.,* 2010).

Embora a aplicação de fungicidas continue a ser a abordagem mais fácil e fiável para a manutenção de culturas saudáveis numa cultura comercial, a utilização exclusiva destes produtos químicos está associada a problemas de desenvolvimento de estirpes resistentes, riscos ecológicos e perigos para a saúde, o que deu lugar ao conceito de gestão integrada de doenças (IDM) para a proteção das culturas e a melhoria da produção de uma forma sustentável. Assim, com base nos resultados de experiências em vasos, três fungicidas eficazes, *a saber,* flusilazole (0,1%), tebuconazole (0,1%) e carbendazim (0,1%), que mostraram a menor incidência e índice de ambas as doenças, juntamente com o tratamento de sementes (carbendazim @ 2g/kg de semente), solarização do solo e mistura de estrume orgânico de bolo de nim enriquecido com *Trichoderma,* foram avaliados no campo para determinar a sua eficácia na gestão integrada da murcha de Fusarium do feijão-frade.

A experiência de campo realizada para desenvolver um pacote de IDM para a murchidão de Fusarium do feijão-frade indicou que a solarização do solo, a aplicação de uma mistura de estrume orgânico de bolo de nim enriquecido com *Trichoderma* e a aplicação no solo de tebuconazole (0,1%) ou carbendazim (0,1%) suprimiram totalmente a incidência da murchidão de Fusarium.

Relatórios anteriores também indicaram que a integração da solarização do solo, emendas orgânicas, agentes de biocontrolo e aplicação de fungicidas reduziu a incidência da murchidão. Jadeja e Nandoliya (2008) relataram que a integração da solarização do solo durante 15 dias no verão, seguida do cultivo de sorgo na *kharif,* e a aplicação de grânulos de carbendazim @ 10 kg/ha um mês após a sementeira ou a aplicação de *T.viride* em suporte orgânico @ 62,5 kg/ha foi altamente eficaz para a gestão da murchidão dos cominhos. Da mesma forma, Ojha e Chatterjee (2012) também relataram que a combinação da solarização do solo com a aplicação de *T. harzianum,* extrato de neem e captan (0,01%) resultou numa redução de 100% da murcha de Fusarium do tomate nos campos de vegetais de Bengala Ocidental. Estudos conduzidos por Senthil (2003) revelaram que a combinação de tratamento de sementes (4 g/kg de semente) e aplicação no solo (2,5 kg/ha) de *T. viride,* aplicação no solo de bolo de nim 150 kg/ha e encharcamento no solo de mancozeb (0,3 %) suprimiu eficazmente a murcha de Fusarium do feijão-caupi e também aumentou consideravelmente a biomassa e o rendimento de vagens da cultura.

A solarização do solo e a aplicação de uma mistura de estrume orgânico de bagaço de nim enriquecido com *Trichoderma* melhoraram significativamente os parâmetros de crescimento e rendimento das plantas, para além da redução dos agentes patogénicos transmitidos pelo solo, o que está de acordo com vários relatórios anteriores. A solarização do solo suprime os agentes patogénicos transmitidos pelo solo, como fungos, bactérias, nemátodos e pragas, juntamente com sementes de ervas daninhas, levando a um melhor crescimento e rendimento das plantas. Negi e Raj (2013) observaram que a solarização com folha de polietileno transparente de 25 µm de espessura por 40 dias dentro de estufa reduziu a incidência de murcha de cravo em 81,82%. Patel *et al.* (2008) relataram que a altura máxima da planta, o número de ramos, o número de vagens por planta, a acumulação total de matéria seca, bem como os rendimentos de vagens e de cascas de amendoim foram registados quando a folha de polietileno transparente (TPE) de 0,025 mm foi mantida durante 45 dias. Kumar *et al.* (2002) também relataram que a solarização de campos de tomate usando folhas de polietileno transparente de 0,05 mm resultou em plantas mais altas (78,4 cm), frutos de tamanho grande (0,893 kg/planta), maior número de ramos por planta (8,20 por planta), índice de área foliar (2,563) e rendimento da colheita (21,6 t/ha).

Trichoderma spp. através da produção de metabolitos secundários, enzimas que degradam a parede celular, micoparasitismo, capacidade saprófita competitiva, etc., pode competir com agentes patogénicos transmitidos pelo solo e provocar a sua supressão eficaz (Lewis e Papavizas, 1984). Foi provado que é um potencial agente de biocontrolo para gerir várias doenças transmitidas pelo solo em condições de estufa e de campo (Hardar *et al.,* 1979). A incorporação de adubo orgânico e de emendas orgânicas como a torta de nim ao solo nutre o crescimento de *T. viride* além da supressão de patógenos transmitidos pelo solo. Os corretivos do solo também influenciam as propriedades físicas do solo, como o tamanho dos poros, o arejamento, a retenção de água, *etc.*, facilitando assim a rápida extensão do sistema radicular e uma melhor absorção de nutrientes, melhorando assim o vigor das plantas.

O papel da mistura de estrume orgânico com torta de nim enriquecida com *Trichoderma* na promoção do crescimento das plantas e na supressão de agentes patogénicos transmitidos pelo solo também foi observado anteriormente por outros trabalhadores. Kulkarni e Anahosur (2011) relataram que a aplicação pré-semeadura de adubo orgânico + torta de nim + *T. harzianum* + *T. viride* foi mais eficaz para evitar a infeção da podridão do caule no milho e registou o máximo de stand de plantas (97,33%) e o maior rendimento de grãos (1363,14 kg/ha). Da mesma forma, Latha (2013) também observou que a menor incidência de podridão do colo (20,4 %) e o rendimento máximo de vagens de amendoim (1321 kg ha^{-1}) foram registados na aplicação combinada de *P. fluorescens, T. viride*, torta de nim e estrume de curral.

Uma mercadoria sem pesticidas pode ser obtida observando um intervalo suficiente antes da colheita para o produto químico em causa. Por conseguinte, é imperativo fixar o período de espera para os fungicidas utilizados no campo. Tendo em conta o período de espera calculado para diferentes fungicidas, o tebuconazol (0,1 %), com o período de espera mais curto de zero dias, foi identificado como o produto químico mais seguro para o feijão-frade, enquanto o flusilazol (0,1 %) e o carbendazim (0,1 %) tiveram um período de espera de oito dias, que estava fora do intervalo de colheita da cultura.

Uma vez que o uso repetido de fungicidas com ação num único local no fungo alvo está associado a problemas de desenvolvimento de estirpes resistentes, a rotação de fungicidas com diferentes modos de ação é desejável na IDM. Uma vez que o oxicloreto de cobre (0,2%), com ação multi-sítio, também foi identificado como um potencial fungicida no presente estudo contra a murcha de Fusarium do feijão-frade, a sua rotação com fungicidas sistémicos proporcionará definitivamente uma estratégia de gestão eficaz para estas doenças.

Assim, com base nos resultados globais do estudo, foi desenvolvido o seguinte pacote de gestão integrada para o controlo da murcha de Fusarium do feijão-frade em áreas propensas à doença 1) Tratamento de sementes com carbendazim (2 g/kg de semente) 2) Solarização do solo por um período de 45 dias usando folhas de polietileno transparentes durante a estação quente 3) Aplicação de mistura de estrume orgânico de bolo de nim enriquecido com *Trichoderma* @ 1 kg/cova 15 dias após a emergência da semente 4) Aplicação de tebuconazol (0,1%) aos 30, 45 e 60 dias após a emergência da semente. A fim de contrariar a possibilidade de desenvolvimento de resistência devido à utilização repetida do fungicida triazol, o fungicida de contacto oxicloreto de cobre (0,2%) pode ser utilizado em rotação.

RESUMO

Os estudos sobre a sintomatologia da murcha de Fusarium revelaram que as plantas afectadas apresentavam amarelecimento, murchamento e queda das folhas, seguidos de desfolha e secagem das videiras. A base do caule ficou inchada e assemelhava-se a um pequeno tubérculo que, mais tarde, se desintegrou, resultando em retalhamento. A raiz axial e as raízes laterais também foram afectadas. Ocasionalmente, notou-se também um achatamento anormal do caule ao longo da ponta de crescimento, fasciação e esterilidade das flores. Um total de 12 isolados de *Fusarium* spp. foram obtidos de plantas infectadas colhidas nas principais zonas de cultivo de feijão-frade de Thiruvananthapuram. Com base nos caracteres morfológicos e culturais, os isolados do agente patogénico associado à murchidão de Fusarium do feijão-frade foram provisoriamente identificados como *F. oxysporum* Schlecht, *F. equiseti* (Corda) Sacc. e *F. solani* (Mart.) Sacc. Entre os 12 isolados, *F. oxysporum* foi a espécie predominante e amplamente distribuída, uma vez que se verificou que estava presente em sete locais examinados. Pelo contrário, *F. equiseti* e *F. solani* foram registados como espécies menos frequentes, com três e dois isolados cada.

A identidade das espécies do agente patogénico foi ainda confirmada através de análises da sequência ITS- rDNA. A amplificação da região ITS- rDNA dos 12 isolados diferentes de *Fusarium* spp. utilizando os iniciadores universais ITS 1 e ITS 4 produziu um produto de PCR com 500 - 530 pb de comprimento. Foi observada uma identidade de 99 - 100 % entre os isolados *de Fusarium* obtidos neste estudo e outras sequências de *Fusarium* spp. disponíveis na base de dados NCBI. Os estudos sobre a patogenicidade e a virulência comparativa indicaram que, dos 12 isolados de *Fusarium* spp. testados, o isolado F2 (*F. oxysporum*) de Palapoor levou apenas sete dias para desenvolver sintomas e foi considerado altamente patogénico, enquanto os isolados F7, F8, F10 e F11 foram considerados não patogénicos e não produziram quaisquer sintomas.

A avaliação *in vitro* de fungicidas de nova geração contra o isolado mais virulento do agente patogénico revelou que o tebuconazol (0,1 %), a carboxina + tirame (0,4 %), o carbendazime (0,1 %) e o mancozebe (0,25 %) inibiram completamente o crescimento de *F. oxysporum.* A menor percentagem de inibição do crescimento micelial do agente patogénico foi observada com a azoxistrobina (0,15 %). A avaliação *in vivo* de fungicidas de nova geração contra a murchidão de Fusarium do feijão-frade indicou que a aplicação no solo de flusilazol (0,1 %), tebuconazol (0,1 %) ou carbendazim (0,1 %) a 30, 45 e 60 dias após a emergência da semente foi altamente eficaz na supressão total da incidência da murchidão, ao passo que as plantas de controlo inoculadas com o agente patogénico apresentaram 100 % de incidência da murchidão.

Com base nos resultados das experiências em vasos, três fungicidas eficazes, *a saber,* flusilazole

(0,1%), tebuconazole (0,1%) e carbendazim (0,1%), que mostraram a menor incidência da doença, juntamente com o tratamento de sementes (carbendazim @ 2g/kg de semente), a solarização do solo e a mistura de estrume orgânico de bolo de nim enriquecido com *Trichoderma*, foram avaliados no campo para determinar a sua eficácia na gestão da murchidão de Fusarium do feijão-frade. A experiência de campo conduzida para desenvolver um pacote integrado de gestão de doenças para a murchidão de Fusarium do feijão-caupi indicou que a solarização do solo, a aplicação de mistura de estrume orgânico de bolo de nim enriquecido com *Trichoderma* e a aplicação no solo de tebuconazole (0,1%) ou carbendazim (0,1%) suprimiram totalmente a incidência da murchidão de Fusarium.

A solarização do solo e a aplicação da mistura de estrume orgânico de torta de nim enriquecida com *Trichoderma* melhoraram significativamente os parâmetros de crescimento e rendimento das plantas em comparação com as não tratadas. No que diz respeito ao rendimento das vagens, as plantas tratadas com solarização do solo, mistura de estrume orgânico de bagaço de nim enriquecido *com Trichoderma* e carbendazim (0,1 %) registaram o rendimento máximo (1,14 kg/planta), que foi igual ao tratamento com solarização do solo, mistura de estrume orgânico de bagaço de nim enriquecido *com Trichoderma* e tebuconazole (0,1 %) (1,13 kg/planta), enquanto que as plantas de controlo não tratadas registaram o rendimento mínimo (0,80 kg/planta).

Tendo em conta a eficácia global dos fungicidas, o aumento de rendimento associado, a segurança para a cultura, bem como os benefícios económicos, foi desenvolvido o seguinte pacote de gestão integrada para o controlo da murchidão de Fusarium do feijão-frade em áreas propensas à doença 1) Tratamento de sementes com carbendazim (2 g/kg de semente) 2) Solarização do solo por um período de 45 dias usando folhas de polietileno transparentes durante a estação quente 3) Aplicação de mistura de estrume orgânico de bolo de nim enriquecido com *Trichoderma* @ 1 kg/cova 15 dias após a emergência da semente 4) Aplicação de tebuconazol (0,1%) aos 30, 45 e 60 dias após a emergência das sementes. A fim de contrariar a possibilidade de desenvolvimento de resistência devido à utilização repetida do fungicida triazol, o fungicida de contacto oxicloreto de cobre (0,2 %) pode ser utilizado em rotação.

REFERÊNCIAS

Adhilakshmi, M., Karthikeyan, M., e Alice, D. 2008. Efeito da combinação de bio-agentes e nutrientes minerais para a gestão do agente patogénico da murchidão da luzerna, *Fusarium oxysporum* f. sp. *medicaginis*. *Arch. Phytopathol. PlantProt.* 41(7): 514-525.

Adhipathi, P., Kumar, P. R., Rajesha, G., e Nakkeeran, S. 2014. Deteção molecular e filogenia da sequência de DNA de *Colletotrichum* spp. causando a doença da mancha foliar da cúrcuma. *J. Mycol. Plant Pathol.* 44(2): 185-190.

Akrami, M., Sabzi, M., Mehmandar, F. M., e Khodadadi, E. 2012. Efeito do tratamento de sementes com espécies de *Trichoderma harzianum* e *Trichoderma asperellum* para controlar a podridão de *Fusarium* do feijão comum. *Ann. Biol. Res.* 3(5):2187-2189.

Amini, J. e Sidovich, F. D. 2010. Os efeitos de fungicidas sobre *Fusarium oxysporum* f. sp.*lycopersici* associado à murcha de Fusarium do tomateiro. *J. Plant Prot. Res.* 50(2): 172178.

Aneja, K. R. 2003. *Experiments in Microbiology, Plant Pathology and Biotechnology* (4th Ed.). New Age International (P) Ltd. Publishers, New Delhi, 607p.

Araujo, D., Rodríguez, D., e Sanabria, M. E. 2008. Reação do fungo *Fusarium oxysporum* f. sp. *cubense*, patógeno do Mal do Panamá, a alguns extratos vegetais e fungicidas. *Fitopatología Venezolana.* 21(1):2-8.

Assuncao, I. P., Michereff, S. J., Mizubuti, E. S. G., e Brommonschenkel, S. H. 2003. Influência da intensidade da murcha de Fusarium no rendimento do feijão-caupi. *Trop. Plant Pathol.* 28(6): 615-619.

Auckland, A. K. e Van-der-Maesen, L. J. G. 1980. Grão-de-bico - ICRISAT. *Crop Sci. Soc. Am.* 667: 249-259.

Bardia, P. K. e Rai, P. K. 2007. Avaliação *in vitro* e no terreno de agentes de biocontrolo e fungicidas contra a murchidão dos cominhos causada por *Fusarium oxysporum* f sp *cumini*. *J.Spices Arom. Crops* 16(2): 88-92.

Barhate, B. G., Dake, G. N., Game, B. C., e Padule, D. N. 2006. Variabilidade para virulência em *Fusarium oxysporum* f. sp. *ciceri* causando murcha de grão-de-bico. *Legume Res.* 29 (4): 308 - 310.

Batista, P. P., Santos, J. F., Oliveira, N. T., Pires, A. P. D., Motta, C. M. S., Luna-Alves, e Lima, E. A. 2008. Caracterização genética de linhagens brasileiras de *Aspergillus flavus* utilizando marcadores de DNA. *Genet. Mol. Res.* 7: 706-717.

Bhaskar, R. B., Hassan, N., e Pandey, K. C. 2007. Eficácia de opções de gestão não químicas selecionadas para o complexo de doenças da podridão radicular em berseem. *Range Mgmt. Agrofo.* 28 (2A): 153-154.

Bhatnagar, K., Tak, S. K., Sharma, R. S., e Majumdar, V. L. 2012. Gestão integrada da murchidão dos cominhos induzida por *Fusarium oxysporum* f. sp. *cumini*. *Ann. Plant Prot. Sci.* 20(2): 498-499.

Booth, C. 1971. *O Género Fusarium*. Common wealth Mycological Institute, Inglaterra, 235 p.

Bruns, T. D. 2001. A realidade do ITS. *Inoculum Suppl. Mycol.* 52:2-3.

Bruns, T. D., White, T. J., e Taylor. J. W. 1991. Fungal molecular systematics. *Ann. Rev. Ecol. Syst.* 22: 525-564.

Casas, T. e Diaz, J. R. M. 1985. Doenças fúngicas da murcha e da podridão radicular do grão-de-bico no sul de Espanha. *Phytopathology* 75: 1146-1151.

Chandel, S. e Tomar, M. 2011. Gestão integrada da murcha de Fusarium do gladíolo através de bioagentes, emendas orgânicas e fungicidas. *J. Plant Dis. Sci.* 6(1): 14-19.

Chandran, R. M. e Kumar, M. R. 2012. Estudos sobre a variabilidade cultural e morfológica em isolados de *Fusarium solani* (Mart.) Sacc., incitante da podridão radicular seca dos citrinos. *Curr. Biotica.* 6(2): 152-162.

Chattopadhyay, C. e Sastry, R. K. 1999. Integração de instrumentos de controlo de doenças para a gestão da murchidão do cártamo. *Sesame Safflower Newsl.* 14: 109-113.

Chaudhary, R. G. e Amarjit, K. 2002. Wilt disease as a cause of shift from lentis cultivation in Sangod Tehsil of Kota, Rajasthan. *Indian J. Pulses Res.* 15:193-194.

Chavan, S. S. 2007. Estudos sobre doenças fúngicas de Patchouli com especial referência à murchidão causada por *Fusarium solani* (Mart.) Sacc. Tese de Mestrado (Ag), Universidade de Ciências Agrícolas, Bangalore, 98p.

Chawla, N. e Gangopadhyay, S. 2009. Integração de emendas orgânicas e bioagentes na supressão da murcha do cominho causada por *Fusarium oxysporum* f. sp. *cumini*. *Indian Phytopath.* 62(2): 209-216.

Chillali, M., Ldder-Ighili, H., Guillaumin, J. J., Mohammed, C., Escarmant, L. B., e Botton, B. 1998. Variação nas regiões ITS e IGS do ADN ribossómico entre as espécies biológicas da *Armillaria* europeia. *Mycol. Res.* 102: 533-540.

Christopher, B. J., Usharani, S., e Udhayakumar, R. 2008. Gestão da podridão radicular seca *(Macrophominaphaseolina* (Tassi.) (GOID) do feijão-verde *(Vigna mungo* (L.) Hepper) através da integração de antagonistas (*Trichoderma virens*) e alterações orgânicas. *Mysore J. Agric. Sci.* 42(2):

241-246.

Cortes, N. J. A., Hau, B., e Jimenez-Diaz, R. M. 1998. Efeito da data de sementeira, da cultivar hospedeira e da raça de *Fusarium oxysporum* f. sp. *ciceris* no desenvolvimento da murchidão de Fusarium do grão-de-bico. *Phytopathology* 88: 1338-1346.

Cortes, N. J. A., Hau, B., e Jimenez-Diaz, R. M. 2000. Perda de rendimento em grão-de-bico em relação ao desenvolvimento de epidemias de murcha de Fusarium. *Fitopatologia* 90:1269-1278.

Dereeper, A., Guignon, V., Blanc, G., Audic S., Buffet, S., Chevenet, F., Dufayard, J. F., Guindon, S., Lefort, V., Lescot, M., Claverie, J.M., e Gascuel, O. **2008.** Phylogeny.fr: análise filogenética robusta para o não especialista. *Nucleic Acids Res.* 36(2): 465-469.

Desai, A. G., Dange, S. R. S., Patel, D. S., e Patel, D. B. 2003. Variability in *Fusarium oxysporum* f.sp. *ricini* causing wilt of castor. *J. Mycol. Plant Pathol.* 33(1): 37-41.

Desai, A. G. e Dange, S. R. S. 2003. Efeito da solarização do solo na murcha de Fusarium da mamona. *Agnc. Sci. Digest* 23(1): 20 - 22.

Drummond, A. J., Ashton, B., Buxton, S., Cheung, M., Cooper, A., Heled, J., Kearse, M., Moir, R., Stones-Havas, S., Sturrock, S., Thierer, T., e Wilson, A. 2010. Geneious v5.1 [online]. Disponível: http://www.geneious.com [8 de julho de 2014].

Gade, R. M., Zote, K. K., e Mayee, C. D. 2007. Gestão integrada da murchidão do feijão-frade com fungicida e bioagente. *Indian Phytopath.* 60(1): 24-30.

Gangopadhyay, S. e Gopal, R. 2010. Avaliação de *Trichoderma* spp. juntamente com estrume de quintal para a gestão da murcha de Fusarium do cominho *(Cuminum cyminum* L.). *J. Spices Arom. Crops19* (1 & 2): 57-60.

Garkoti, A., Kumar, S., e Tripathi, H. S. 2013. Gestão da murcha de Fusarium da lentilha através de fungicidas. *J. Mycol. Plant Pathol.* 43(3): 333-335.

Godhani, P. H., Patel, R. M., Jani, J. J., Patel, A. J., e Korat, D. M. 2010. Avaliação de dois antagonistas contra a doença da murchidão do grão-de-bico. *Karnataka J. Agric. Sci.* 23 (5); 795-797.

Gokulapalan, C., Girija, V. K. e Divya, S. 2006. *Fusarium pallidoroseum* causa fasciação e perda de rendimento em feijão-frade hortícola *(Vigna unguiculata var.sesquipedalis). J. Mycol. Plant Pathol.* 36(1): 44-46.

Gurjar, M. S. e Shekhawat, K. S. 2012. Gestão da murchidão do melão *(Cucumis melo* L.) provocada por *Fusarium oxysporum* Schlecht. *Prog. Agric.* 12(1):132 -137.

Hardar, Y., Chet, I., e Henis, Y. 1979. Biological control of *Rhizoctonia solani* damping off with wheat bran culture of *Trichoderma harzianum*. *Phytopathology* 69: 64-68.

Honnareddy, N. e Dubey, S. C. 2007. Caracterização morfológica de isolados indianos de *Fusarium oxysporum* f. sp. *ciceris* que causam a murchidão do grão-de-bico. *Indian Phytopath.* 60(3): 373376.

Hossain, M. M., Hossain, N., Sultana, F., Islam, S. M. N., Islam, M. S., e Bhuiyan, M. K. A. 2013. Gestão integrada da murcha de Fusarium do grão-de-bico *(Cicer arietinum* L.) causada por *Fusarium oxysporum* f. sp. *ciceris* com antagonista microbiano, extrato botânico e fungicida. *Afr. J. Biotechnol.* 12(29): 4699-4706.

Jadeja, K. B. e Nandoliya, D. M. 2008. Gestão integrada da murchidão dos cominhos *(Cuminum cyminum* L.). *J. Spices Arom. Crops* 17 (3):223-229.

Jasnic, S. M., Vidic, M. B., Bagi, F. F., e Doroevic, V. B. 2005. Patogenicidade de espécies de *Fusarium* em soja. *Proc. Nat. Sci.* 109: 113-121.

Jimenez, I. L., Saldivar, H. L., Cardenas-Flores, A., e Valdez-Aguilar, L. A. 2012. A solarização do solo aumenta o crescimento e o rendimento do feijão seco. *Ata Agric. Scandinavica* 62(6): 541-546.

Joshi, P. K., Rao, P. P., Gowda, C. L. L., Jones, R. B., Silim, S. N., Saxena, K. B., e Kumar, J. 2001. The world chickpea and pigeonpea economies: facts, trends, and outlook. In: Shiferaw, B., Silim, S., Muricho, G., Audi, P., Mligo, J., Lyimo, S., You, L., e Christiansen, J. L. (eds.), Assessment of the adoption and impact of improved pigeonpea varieties in Tanzania. *J. SAT Agric. Res.* 3(1).

Kannaiyan, J. e Nene, Y. L. 1981. Influência da murchidão em diferentes estágios de crescimento na perda de rendimento do feijão-de-pombo. *Trop. Pest Manag.* 27: 141.

Kannaiyan, J., Nene, Y. L., Reddy, M. V., Rajan, J. G. e Raju, T.N. 1984. Prevalence of pigeonpea diseases and associated crop losses in Asia, Africa and the Americas. *Trop. Pest Manag.* 30: 62-71.

Kanwal, A., Anjum, F., Qudsia, H., Javaid, A., e Mahmood, R. 2012. Avaliação do tebuconazol e do tiofanato-metilo contra alguns agentes patogénicos problemáticos das plantas transmitidos pelo solo. *Mycopathol.* 10(1): 17-20.

Karimi, R., Owuoche, J. O., e Silim, S. N. 2012. Importância e gestão da murchidão de fusarium *(Fusarium udum* Butler) do feijão-de-gato. *Int. J. Agron. Agric. Res.* 2(1): 1-14.

Katan, J., 1981. Aquecimento solar (solarização) do solo para controlo de pragas do solo. *Annu. Rev. Phytopathology* 19: 211-236.

UAE (Universidade Agrícola de Kerala). 2011. *Pacote de Recomendações de Práticas: Culturas* (14th Ed.). Universidade Agrícola de Kerala, Thrissur, 360 p.

Khare, M. N. 1980. *Wilt of Lentis.* Jawaharlal Nehru Krishi Vishwa Vidyalaya, Jabalpur, Índia, 155

p.

Kiprop, E. K. 2001. Caracterização de isolados *de Fusarium udum* Butler e resistência à murchidão do feijão-guandu no Quénia. 2001. Tese de doutoramento (Ag), Universidade de Nairobi, pp 12-13.

Kishore, R., Singh, J., e Pandey, M. 2008. Gestão da doença da murchidão causada por *Fusarium oxysporum* f.sp. *lini* em sementes de linho através de práticas culturais. *Ann. Plant Prot. Sci.* 16(2): 425-427.

Kulkarni, S. e Anahosur, K. H. 2011. Gestão integrada da doença da podridão seca do caule do milho. *J. Plant Dis. Sci.* 6(2): 99-106.

Kumar, A., Lal, H. C., e Akhtar, J. 2012. Caracterização morfológica e patogénica de *Fusarium oxysporum* f. sp. *ciceri* que causa a murchidão do grão-de-bico. *Indian Phytopath.* 65(1): 6466.

Kumar, V. K. K., Nanjappa, H. V., e Ramachandrappa, B. K. 2002. Crescimento, rendimento e economia do controlo de ervas daninhas influenciados pela solarização do solo no tomate. *Karnataka J. Agric. Sci.* 15(4):682-684.

Kurmut, A. M., Nirenberg, H. I., Bochow, H., e Buttner, C. 2002. *Fusarium nygami,* um agente causal da podridão radicular de *Vicia faba* L. no Sudão Mededelingen. *Universiteit. Gent.* 67: 269274.

Latha, P. 2013. Eficácia de agentes de biocontrolo e emenda orgânica contra a doença da podridão do colarinho no amendoim. *J. Mycol. Plant Pathol.* 43(4):461-465.

Lee, Young-Mi, Choi, Y. M., e Min, B. R. 2000. PCR-RFLP e análise da sequência da região ITS do rDNA em *Fusarium* spp. *J. Microbiol.* 38(2): 66-73.

Lewis, J. A. e Papavizas, G. C. 1984. Uma nova abordagem para estimular a proliferação da população de espécies de *Trichoderma* e outros potenciais fungos de biocontrolo introduzidos em solos naturais. *Fitopatologia* 74: 1240

Madhavi, G. B. e Bhattiprolu, S. L. 2011. Avaliação de fungicidas, práticas de correção do solo e bioagentes contra *Fusarium solani* - agente causal da doença da murchidão da malagueta. *J. Hort. Sci.* 6(2):141-144.

Madhukeshwara, S. S. 2000. Estudos sobre a variação e a gestão da murchidão de *Fusarium* do feijão-de gato *(Cajanus cajan).* Tese de Mestrado (Ag), Universidade de Ciências Agrícolas, Bangalore, 94p.

Mahesh, M., Saifulla, M., Sreenivasa, S., e Shashidhar, K. R. 2010. Gestão integrada da murchidão do feijão frade causada por *Fusarium udum* Butler. *EJBS* 2(1): 1-7.

Mandhare, V. K., Suryawanshi, A. V., e Jamadagni, B. M. 2007. Variabilidade entre os isolados de

Fusarium spp. que causam a murchidão do grão-de-bico em Maharashtra. *Madras Agric. J. 94* (1-6): 136-138.

Mbwaga, A. M. 1995. Rastreio da murcha de Fusarium na Tanzânia. In: Silim, S.N., King, S. B., e Tuwaje, S. (eds.), *Improvement of Pigeonpea in Eastern and Southern Africa.* Reunião Anual de Planeamento da Investigação de 1994; 21-23 de setembro de 1994, Nairobi, Quénia, pp. 101-102.

McKinney, H. H. 1923. Influência da temperatura e humidade do solo na infeção de plântulas de trigo por *Helminthosporium sativum. J. Agric. Res.* 26: 195-218.

Mclean, K.L., Hunt, J., e Stewart, A. 2001. Compatibilidade do agente de biocontrolo *Trichoderma harzianum* c52 com fungicidas selecionados. *N. Z. PlantProt.* 54:84-88.

Mishra, P. K., Fox, R. T. V., e Culham, A. 2000. Aplicação da sequência ITS do nr-DNA para identificação de isolados *de Fusarium culmorum. Bull. OEPP.* 30(3/4): 493-498.

Motlagh, M. R. S. 2010. Isolamento e caraterização de alguns fungos importantes de *Echinochloa* spp. os agentes potenciais para controlar as ervas daninhas do arroz. *Aust. J. Crop Sci.* 4(6):457- 460.

Musmade, N., Pillai, T., e Thakur, K. 2009. Gestão biológica e química da murchidão do tomateiro causada por *Fusarium oxysporum* f. sp. *lycopersici. J. Soils Crops* 19(1): 118-121.

Mwangombe, A.W., Kipsumbai, P. K., Kiprop, E. K., Olubayo, F. M., e Ochieng, J.W. 2008. Análise de isolados quenianos de *Fusarium solani* f. sp. *phaseoli* de feijão comum utilizando caraterísticas de colónia, patogenicidade e ADN microssatélite. *Afr. J. Biotechnol.* 7 (11): 1662-1671.

Najar, A. G., Ahmad, Mushtaq, Ganie, S. A., e Qaisar, A. 2012. Avaliação de algumas alterações do solo e fungicidas na incidência de murchidão e no rendimento da malagueta. *Int. J. Plant Prot.* 5(2): 245-247.

Naseri, B. 2008. Podridão radicular do feijão comum em Zanjan, Irão: principais agentes patogénicos e estimativas de perda de rendimento. *Aust. Plant Pathol.* 37 (6): 546 - 551.

Negi, H. S. e Raj, H. 2013. Efeito da solarização do solo no potencial patogénico e na viabilidade de *Fusarium oxysporum* f.sp. *dianthi* causando murchidão no cravo. *Indian Phytopath.* 66(3): 273-277.

Nene, Y. L. e Thapliyal, P. N. 1993. *Fungicides in Plant Disease* Control (3rd Ed.). Oxford e IBH Publishing Co. Pvt. Ltd, 691p.

Nene, Y. L., Reddy, M. V., Haware, M. P., Ghanekar, A. M., e Amin, K. S. 1991. Diagnóstico de campo das doenças do grão-de-bico e seu controlo. In: *Boletim Informativo nº 28.* Instituto Internacional de Investigação das Culturas para os Trópicos Semi-Áridos, Patancheru, Índia, 51p.

Nikam, P. S., Jagtap G. P., e Sontakke P. L. 2007. Gestão da murchidão do grão-de-bico causada por

Fusarium oxysporium f. sp. *ciceri*. *Afr. J. Agric. Res.* 2(12): 692-697.

O'Donnell, K., e Cigelnik, E. 1997. Dois tipos divergentes de rDNA ITS2 intragenómico dentro de uma linhagem monofilética do fungo *Fusarium* não são ortólogos. *Mol. Phylogenet. Evol.* 7: 103-116.

O'Donnell, K. 1992. Os espaçadores transcritos internos do ADN ribossómico são altamente divergentes nos ascomicetes fitopatogénicos *Fusarium sambucinum (Gibberella pulicaris). Curr. Genet.* 22: 213-220.

Ojha, S. e Chatterjee, N. C. 2012. Gestão integrada da murcha fusarial do tomateiro com implementação da solarização do solo. *Arch. Phytopathol. PlantProt.* 45(18): 2143-2154.

Orton, C. A. 1902. A doença da murchidão do feijão-frade e o seu controlo. *Dep. Agrícola dos EUA. Bull.* 17: 9-20.

Patel, P. P., Patel, M. M., Patel, D. M., e Patel, M. M. 2008. Efeito da solarização do solo nas propriedades do solo, crescimento e rendimento do amendoim. *Haryana J. Agron.* 24(1/2): 12-15.

Patel, S. I. e Patel, R. L. 2012. Emendas orgânicas na gestão da murcha do feijão-frade causada por *Fusarium udum. Environ. Ecol.* 30(3): 549-551.

Raj, H., Upmanyu, S., Sharma, R. C., e Sharma, J. N. 2005. Integração da solarização do solo com resíduos de folhas de crucíferas para o controlo do agente patogénico *Fusarium* wilt do gladíolo. In: *Integrated Plant Disease Management- Challenging Problems in Horticultural and Forest Pathology,* Scientific Publishers, Jodhpur, Índia, pp. 215-220.

Ram, H. e Pandey, R. N. 2011. Eficácia dos agentes de biocontrolo e fungicidas na gestão da murchidão da ervilha-de-angola. *Indian Phytopath.* 64(3): 269-271.

Ramachandran, P. A. S., Summanwar, e Lal, S. P. 1982. Cowpea top necrosis caused by *Fusarium equiseti* (Corda) Sacc. *Curr. Sci.* 51(9): 475-477.

Rathaiah, Y. e Sharma, S. K. 2004. Uma nova doença de mancha foliar em mungbean causada por *Colletotrichum truncatum, J. Mycol. Plant Pathol.* 34 (2): 176-178.

Reddy, M. V., Raju, T. N., Sharma, S. B., Nene, Y. L., e McDonald, D. 1993. *Handbook of Pigeonpea Diseases*. Boletim Informativo 14, Instituto Internacional de Pesquisa de Culturas para os Trópicos Semi-Áridos, Andhra Pradesh, 64p.

Reghunath, P., Gokulapalan, C., e Umamaheshwaran, K. 1995. *Integrated Pest and Disease Management of Crop Plants (Gestão integrada de pragas e doenças de plantas cultivadas)*. Instituto Estatal de Línguas, Thiruvananthapuram, Kerala, 220p.

Riddel, R.W. 1974. Culturas em lâminas. *Mycologia.* 42: 265-270.

Rodrigues, A. A. C. e Menezes, M. 2006. Identificação e caraterização patogênica de espécies *de Fusarium* endofíticas de sementes de feijão-caupi. *Anais da Academia Pernambucana de Ciência Agronômica, Recife* 3: 203-215.

Saravanan, T., Muthusamy, M., e Marimuthu, T. 2003. Desenvolvimento de uma abordagem integrada para gerir a murcha fusarial da bananeira. *CropProt.* 22: 1117-1123.

Saremi, H. e Saremi, H. 2013. Isolamento das espécies mais comuns *de Fusarium* e o efeito da solarização do solo nas principais espécies patogénicas em diferentes zonas climáticas do Irão. *Eur. J. Plant Pathol.* 137(3):585-596.

Saxena, K. B., Kumar, R.V., e Rao, P.V. 2002. Pigeonpea nutrition and its improvement. *J. Crop Prod.* 5: 227-260.

Senthil, K.E. 2003. Gestão integrada da murchidão de Fusarium do feijão-frade *(Vigna unguiculata* subsp *sesquipedalis* (L.) Verdcourt). Tese de Mestrado (Ag). Universidade Agrícola de Kerala, Thrissur, 110p.

Shahnazi, S., Meon, S., Vadamalai, G., Ahmad, K., e Nejat, N. 2012. Caracterização morfológica e molecular de *Fusarium* spp. associado à doença do amarelecimento da pimenta preta *(Piper nigrum* L.) na Malásia. *J. Gen. Plant Pathol.* 78:160-169.

Sharma, R. L., Singh, B. P., Thakur, M. P., e Verma, K. P. 2002. Gestão química da murchidão das sementes de linho causada por *Fusarium oxysporum* f. sp. *lini. Ann. Plant Prot. Sci.* 10(2): 390391.

Sinclair, J. B. e Backman, P. A. 1989. *Compêndio de Doenças da Soja.* (3rd Ed.). The American Phytopathological Society, Minnesota, EUA, 106p.

Singh, R. S. 2002. Principles of Plant Pathology (4th Ed.). Oxford & IBH Publishing Co. Pvt. Ltd., Nova Deli, 385p.

Singh, R. S. e Sinha, R. P. 1955. Studies on the wilt disease of Cowpea in Uttar Pradesh- Ocorrência e sintomas da doença e identidade do organismo causal. *J. Indian Bot. Soc.* 34(4): 375-381.

Singh, V. K., Naresh, P., Biswas, S. K., e Singh, G. P. 2010. Eficácia dos fungicidas na gestão da doença da murchidão da lentilha causada por *Fusarium oxysporum* f. sp. *lentis. Ann. Plant Prot. Sci.* 18(2):411-414.

Singh, V. P., Dixit, A., Mishra, J. S., e Yaduraju, N. T. 2004. Efeito do período de solarização do solo e das medidas de controlo das ervas daninhas no crescimento e na produtividade da soja *(Glycine max).Indian J. Agric. Sci.* 74(6): 324-328.

Sivakumar, T., Eswaran, A., e Balabaskar, P. 2008. Bioeficácia de antagonistas para a gestão do complexo de doenças *F.oxysporum* f.sp. *lycopersici* e *Melidogyne incognita* do tomateiro em condições de campo. *Plant Arch.* 8(1): 373-377.

Sivaprasad, B., Kamala, G., e Ganesh, P. S. 2013. Eficácia de *Trichoderma viride* para induzir resistência a doenças e respostas antioxidantes na leguminosa *Vigna mungo* infestada por *Fusarium oxysporum* e *Alternaria alternata. Int. J. Agric. Sci. Res.* 3(2): 285-294.

Sreekala, G. S. e Jayachandran, B. K. 2006. Efeito de adubos orgânicos e inoculantes microbianos na absorção de nutrientes, rendimento e estado nutricional do solo em coqueiros consorciados com gengibre. *J. Plantn. Crops* 34(1): 25-31.

Sumanal, S. K., Ramakrishnan, S. S., Sreenivas, e Devakii, N. S. 2012. Avaliação de campo de fungicidas e bioagentes promissores contra a murcha de Fusarium e a doença do complexo de nós radiculares na cultura do tabaco FCV. *J. Agric. Technol.* 8(3): 983-991.

Tamietti, G. e Valentino, D. 2006. A solarização do solo como método ecológico para o controlo da murcha de *Fusarium* do melão em Itália. *Crop Prot.* 25(4): 389-397.

Thankamani, C. K., Dinesh, R., Eapen, S. J., Kumar, A., Kandiannan, K., Mathew, P. A., Babu, K. N., Sheeja, T. E., e Madan, M. S. 2008. Effect of solarized potting mixture on growth of black pepper *(Piper nigrum* L.) rooted cuttings in the nursery. *J. Spices Arom. Crops* 17(2): 103-108.

Tripathi, U. K., Singh, S. P., Surulirajan, Jha, D. K., e Patel, D. 2007. Estudos sobre a doença da murchidão do grão-de-bico causada por *Fusarium oxysporum* f.sp. *ciceri. Prog. Res. 2* 2(1/2): 5357.

Vincent, J. M. 1927. Distorção de hifas de fungos na presença de certos inibidores. *Nature* 159: 800.

White, T. J., Bruns, T., Lee, S., e Taylor, J. W. 1990. Amplificação e sequenciação direta de genes de ARN ribossómico de fungos para filogenética. In: Innis, M. A., Gelfand, D. H., Sninsky J. J., e White. T. J. (eds.), *PCR Protocols: A Guide to Methods and Applications.* Academic Press, Inc., Nova Iorque, pp. 315-322.

Zainudin, N. A. I. M., Sidique, S. N. M., Johari, N. A., Darnetty, Razak, A. A., e Salleh, B. 2011. Isolamento e identificação de espécies de *Fusarium* associadas à doença da podridão da espiga de Fusarium do milho. *Pertanika J. Trop. Agric. Sci.* 34 (2): 325 - 330.

Zian A. H. 2005. Estudos sobre a podridão radicular do tremoço e a doença da murchidão. Tese de Mestrado (Ag), Universidade do Canal de Suez, Egito.

Zote, K. K., Nikam, P. S., Suryawanshi, A. P., Lakhmod, L. K., Wadje, A. G., e Kadam, T. S. 2007. Gestão integrada da murchidão do grão-de-bico. *J. Plant Dis. Sci.* 2(2): 162-163.

MIX
Papier aus verantwortungsvollen Quellen
Paper from responsible sources
FSC® C105338

Printed by Books on Demand GmbH, Norderstedt / Germany